Thomas Griep

Warum manchen Menschen das Lesen so schwer fällt

Ursachen, Diagnostik und Therapie der Teilleistungsstörung Dyslexie

Griep, Thomas: Warum manchen Menschen das Lesen so schwer fällt: Ursachen, Diagnostik und Therapie der Teilleistungsstörung Dyslexie. Hamburg, Bachelor + Master Publishing 2014
Originaltitel der Abschlussarbeit: Die Neurobiologischen Grundlagen des Lesenlernens und der Dyslexie

Buch-ISBN: 978-3-95820-025-8
PDF-eBook-ISBN: 978-3-95820-525-3
Druck/Herstellung: Bachelor + Master Publishing, Hamburg, 2014
Covermotiv: © Kobes · Fotolia.com
Zugl. Universität Bremen, Bremen, Deutschland, Bachelorarbeit, August 2012

Bibliografische Information der Deutschen Nationalbibliothek:
Die Deutsche Nationalbibliothek verzeichnet diese Publikation in der Deutschen Nationalbibliografie; detaillierte bibliografische Daten sind im Internet über http://dnb.d-nb.de abrufbar.

© Bachelor + Master Publishing, Imprint der Diplomica Verlag GmbH
Hermannstal 119k, 22119 Hamburg
http://www.diplomica-verlag.de, Hamburg 2014
Printed in Germany

Inhalt

1. Einleitung

Die Sprache dient der Verständigung zwischen Menschen. Mit ihr können Gefühle, Erlebnisse, Bedürfnisse und Fakten vermittelt werden. Die Universalität der Sprache ermöglicht es den Menschen, sich über die Grenzen von Raum und Zeit hinweg mitzuteilen. Eine Fähigkeit, die diese Universalität ermöglicht, ist die Schriftsprache. Beispielsweise können wir die Überlieferungen des griechischen Historikers Thukydides lesen und bekommen ein Bild vom Peloponnesischen Krieg, ohne selbst auf dem Schlachtfeldgewesen zu sein. Die Fähigkeiten Lesen und Schreiben erleichtern das Leben in unserer Gesellschaft und sind eine unverzichtbare Voraussetzung für die Ausübung vieler Berufe. Zum Beispiel könnte man diese Arbeit nicht verstehen, ohne das Lesen zu beherrschen. Aufgrund des universellen Charakters der Sprache wird leicht übersehen, dass die Schriftsprache in erster Linie ein abstraktes Symbolsystem ist, dessen Beherrschung einen komplexen Lernprozess erfordert, dem unter anderem das Gehirn als organische Struktur zugrunde liegt. So lernen Kinder zuerst das Lesen, um dann im nächsten Entwicklungsschritt zu lesen, um zu lernen. Dabei ist das Lesen nicht nur Mittel zur Informationsaufnahme: auch Emotionen und Empathie können durch Bücher vermittelt werden. Bei ca. 3 – 5 % der deutschen Grundschülerinnen und Grundschüler ist der Lernprozess gestört und sie leiden an einer Lesestörung.

Diese Arbeit möchte einen Überblick über die Teilleistungsstörung «Dyslexie» geben. Die Ursachen dieser Störung werden intensiv und teilweise kontrovers diskutiert. Die verbreitetsten und anerkanntesten Hypothesen sollen hier vorgestellt und erläutert werden, ebenso wie die Diagnostik und Therapie der Dyslexie. Bevor die Dyslexie dargestellt wird, erfolgt eine entwicklungspsychologische Zusammenfassung der Sprachentwicklung und des Schriftspracherwerbs. Der zweite Teil wird sich mit der Neurobiologie des Lesens und der Dyslexie befassen. Dabei sei im Voraus darauf hingewiesen, dass die neurobiologischen Vorgänge des Lesens nicht vollständig verstanden sind, so dass die Ausführungen eher hypothetischen Charakter haben, der sich auf bildgebende und neuropsychologische Untersuchungen stützt.

2. Die Sprach- und Schriftsprachentwicklung bei Kindern

Die erfolgreiche Sprachentwicklung des Kindes ist sehr wichtig für den Schriftspracherwerb. Probleme in dieser Entwicklungsphase können sich störend auf die weitere Entwicklung der Sprachfähigkeit – die später auch lesen und schreiben beinhaltet – auswirken. Doch bevor Kinder sprechen, lesen und schreiben können, bereiten sie sich auf viele Weisen darauf vor.

2.1 Die vorsprachliche Entwicklung

2.1.1 Die rhythmisch-prosodische Entwicklung

Der Spracherwerb beginnt bereits pränatal, denn von Geburt an verfügen die Säuglinge über eine Präferenz, die muttersprachtypischen prosodischen Muster – also Betonungs-, Dehnungs- und melodische Muster – von denen anderer Sprachen zu unterscheiden. Dies wird damit begründet, dass die Embryonen die Mutter sprechen hören und damit gewissermaßen eine muttersprachliche Prägung erhalten. Mit etwa vier Monaten sind die Kinder empfänglich für prosodische Teilsatzmarkierungen. Ungefähr zur selben Zeit können die Kleinkinder ihren eigenen Namen im Sprachfluss der Umwelt erkennen. Dies ist eine wichtige Voraussetzung für den späteren Worterwerb. Ab etwa neun Monaten sind sie sensibel für muttersprachspezifische Phrasenmarkierungen. Es wird vermutet, dass diese Sensitivität einen Einstiegsmechanismus in den Erwerb formaler grammatischer Regeln fördert (Berk 2005; Weinert 2007).

2.1.2 Die phonologische Entwicklung

Zunächst sind die Kinder für lautliche Kontraste, die in ihrer Muttersprache bedeutungsunterscheidend sind, empfänglich. Ein Beispiel hierfür ist die Unterscheidung der Laute *L* und *R*, die beispielsweise in der japanischen Sprache nicht bedeutungsunterscheidend sind. Mit etwa neun bis zehn Monaten verfügen die Kinder über ein phonologisches Wissen, das die Lautkategorien, die Konsonanten und Vokale sowie die Lautkombinationen der Sprachgemeinschaft beinhaltet. Etwa zur gleichen Zeit sind die Kleinkinder in der Lage, aufgrund phonologischer Charakteristiken vertraute Wörter aus dem Sprachfluss der Umwelt herauszulösen und zu erkennen. In dieser Zeit ist auch ein erstes Wortverständnis zu beobachten. Am Ende des ersten Lebensjahres verfügen die Kleinkinder über ein ausgeprägtes Wissen über die rhythmisch-prosodischen Merkmale sowie über die lautlichen Kategorien und Kombinationsregeln. Dieses Wissen ermöglicht es den Kindern, den Lautstrom der Umweltsprache in sinnvolle grammatische Einheiten zu segmentieren. Damit sind auch die wichtigsten Grundlagen für den Wortschatz- und den Grammatikerwerb geschaffen (Weinert 2007).

2.2 Die sprachlich-produktive Entwicklung

Nachdem die Kleinkinder die prosodischen Muster erkannt haben – im Alter von etwa zwei Monaten –, beginnt die produktive Entwicklung. Diese Zeit ist geprägt von „Gurren", dem wenig später auch Konsonanten hinzugefügt werden. Diese Phase beginnt mit etwa vier Monaten und wird *Brabbel-* oder *Lallphase* genannt. Das Brabbeln weitet sich aus und umfasst mit etwa sieben Monaten viele Laute der Erwachsenensprache. Im Alter von etwa einem Jahr enthält das Lallen die Konsonant-, Vokal- und Intonationsmuster der Sprachgemeinschaft des Kindes. Die ersten gesprochenen Wörter umfassen Begriffskategorien, die in den ersten beiden Lebensjahren ausgebildet werden, und beziehen sich in der Regel auf wichtige Personen – beispielsweise die Eltern – sowie auf vertraute Handlungen und Aktionen. So wird zum Beispiel für das Windelwechseln das Wort „nass" oder „schmutzig" verwendet. Wenn der Wortschatz zwischen dem 18. und dem 24. Monat etwa 200 Wörter umfasst, beginnen die Kinder damit, zwei Wörter zu kombinieren. Die Zweiwortsätze werden auch als *Telegrammstil* bezeichnet, da die Kinder ihnen unwichtige Nebenwörter weglassen. Beispiele für den Telegrammstil sind „Mama Schuh" oder „gehen Bett" (Berk 2005). Mit etwa zwei Jahren sind die Kinder bereits in der Lage, Inhalte von Sätzen zu unterscheiden. Sie erkennen den Unterschied zwischen dem Satz *Der Hund beißt die Katze* und dem Satz *Der Hund und die Katze beißen.* Die Fähigkeit dieser Unterscheidung erleichtert einen weiteren Wortschatzerwerb und fördert vor allem das Wissen von Verbbedeutungen. Am Ende des dritten Lebensjahres beherrschen die Kinder die Variationen einfacher Sätze, die bis zu elf Wörter lang sein können. Ab

3

jetzt ist die Sprache auch nicht mehr ortsgebunden; somit können auch Dinge, die erst später passieren werden oder die bereits passiert sind, besprochen werden. Damit geht das Bewusstsein für Denken, Planen und Berichten einher (Weinert 2007).

2.3 Schriftspracherwerb

2.3.1 Das Lesen

Bereits im Vorschulalter sind die Kinder in der Lage, Buchstaben zu erkennen. Dies gilt vor allem für vertraute Buchstaben und Wörter – zum Beispiel das Schild am Supermarkt, in dem sie mit den Eltern häufig einkaufen; die Buchstaben des Namens eines Schnellrestaurants; oder die bunten Magnetbuchstaben am Kühlschrank, die den Namen des Kindes zeigen. Allerdings fehlt noch die Abstraktion von den jeweiligen Kontexten. So werden die Kinder das Wort «RE-WE» zwar wiedererkennen; sie sind jedoch noch nicht in der Lage, die einzelnen Buchstaben – losgelöst von den jeweiligen Assoziationen – als eigenständige Symbole zu identifizieren. Die Sprachentwicklung ist für den späteren Erfolg beim Lesenlernen von großer Bedeutung. Das gilt insbesondere für die Graphem-Phonem-Korrespondenz. Dies ist die Fähigkeit, Schriftsymbole in Sprechlaute umzuformen. Damit spielt die phonologische Verarbeitung eine wichtige Rolle für die spätere Lesekompetenz. Am Anfang des Lernprozesses stehen phonologische Rekodiervorgänge – also die Umsetzung von Buchstaben in Laute sowie die vollständige Kenntnis des Alphabets. Dies geschieht in der ersten Klasse. Ab der zweiten Klasse wird zunehmend auf das flüssige Lesen Wert gelegt. Da die Worterkennung ein komplexer Vorgang und für die Kinder sehr fordernd ist, wird das Lesen in dieser Zeit noch nicht zur Informationsaufnahme verwendet. Allerdings befähigen die Worterkennung und das Entschlüsseln der einzelnen Phoneme die Kinder dazu, Wörter zu lesen, die sie zuvor noch nicht gesehen haben (Berk 2005; Helmke, Schrader 2007). Wenn die eben beschriebenen Prozesse weitgehend automatisiert ablaufen, wird vermehrt auf den Inhalt der Texte geachtet und das Leseverständnis kann eingeübt werden. Dies geschieht ab etwa der vierten Klasse. Damit wird die Schriftsprache ein zunehmend wichtiges Instrument zur Informationsaufnahme: das Gelesene wird mit bereits vorhandenem Wissen verknüpft und damit werden neue Inhalte erschlossen (Berk 2005; Helmke, Schrader 2007).

2.3.2 Das Schreiben

Das Schreiben lernen beginnt bereits im Vorschulalter. Hier experimentieren die Kinder mit Linien und Kreisen. Zuerst schreiben sie nur Buchstaben, die dann symbolisch für ein Wort – meist der eigene Name – stehen. Im Alter von etwa fünf Jahren können die Vorschulkinder ihren Namen ausschreiben (Berk 2005). Dabei werden noch manche Buchstaben verdreht. Mit zunehmendem Verständnis der Graphem-Phonem- Korrespondenz wird auch die korrekte Schreibrichtung bedeutsamer. Ähnlich wie beim Lesen, wird erst die Fertigkeit erlernt. Dadurch sind die ersten geschriebenen Texte nicht so komplex wie die mündlichen Erzählungen der Kinder. Dies ändert sich, wenn die Kinder weitgehend automatisiert die Graphem-Phonem-Korrespondenz beherrschen und die korrekte Schreibrichtung der Buchstaben verinnerlicht haben – dann werden die geschriebenen Texte komplexer als die Erzählungen. Die Komplexität der geschriebenen Texte hängt aber auch von der Leseerfahrung der Schüler ab. Beide Fertigkeiten – Lesen wie Schreiben – stellen eine hohe kognitive Leistung dar. Dabei greifen die Kinder vielfach auf implizites Wissen zurück, um die erworbenen Fähigkeiten – wie die Graphem-Phonem-Korrespondenz oder das Wiedererkennen der Buchstaben und Wörter – zum Lesen und Schreiben zu verwenden. Diese automatisierten Vorgänge setzen ein effizientes Arbeitsgedächtnis[1] voraus. Für die kognitiven Prozesse des Lesens gibt es eine neuroanatomisch-physiologische Entsprechung. Daher überrascht es nicht, dass gestörte Vorgänge in diesem Bereich in der Folge zu kognitiven Störungen führen können. Die neurobiologischen Vorgänge beim Lesen werden im nächsten Kapitel vorgestellt; zudem werden die auf diesen Vorgängen basierenden Erklärungen für die Dyslexie gezeigt.

---

[1] Eine ausführliche Erläuterung des Themas „Gedächtnis und Lernen" würde den Rahmen dieser Arbeit sprengen. Daher – das ist wohl zu entschuldigen – wird der Begriff «Gedächtnis» weitgehend unerklärt verwendet und nur an ausgewählten Stellen etwas näher erläutert. Für nähere Informationen sei auf die Lehrbücher *Biologische Psychologie* von Niels Birbaumer & Robert F. Schmidt und *Neurowissenschaften* von Mark F. Bear, Barry W. Connors & Michael A. Paradiso verwiesen.

3. Die Neurobiologie des Lesens und der Dyslexie

Welche Prozesse während des Lesens im menschlichen Gehirn ablaufen, ist nicht eindeutig geklärt. So sprechen die Neurowissenschaftler Bruce D. McCandliss, Laurent Cohen & Stanislas Dehaene von einem speziellen «visuellen Wortform-Areal» im *Gyrus fusiformis* (McCandliss, Cohen, Dehaene 2003). Die zentrale visuelle Verarbeitung ist im Gegensatz dazu neurobiologisch gut beschrieben. Im Folgenden wird die Verarbeitung visueller Reize von der Netzhaut bis zum primären visuellen Kortex und die Weiterverarbeitung von der primären Sehrinde zu anderen kortikalen und subkortikalen Gebieten des Gehirns ausführlicher dargestellt.

Denn wie sich zeigen wird, ist der Weg von der Analyse abstrakter Formen – zu denen auch Buchstaben und Wörter gehören – bis zu deren Wahrnehmung ein komplexer Prozess, dem bestimmte Strukturen unerlässlich zugrunde liegen.

3.1 Die visuelle Verarbeitung von der Netzhaut bis zum primären visuellen Kortex

Der gesamte durch die Augen wahrnehmbare Raum wird «Gesichtsfeld» genannt.

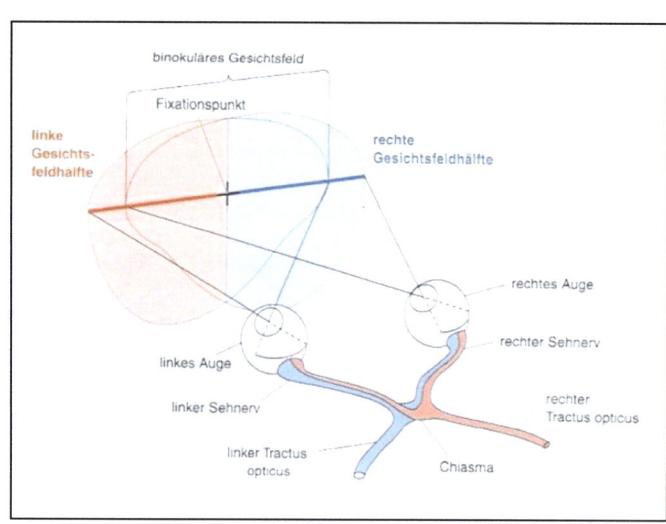

Abb. 1: *Darstellung des binokularen und monokularen Gesichtsfelds und Projektion des visuellen Reizes durch die entsprechenden Retinazellen* (Bear, Connors, Paradiso 2009, S. 343)

Der menschliche Wahrnehmungsbereich umfasst horizontal einen Kegel von etwa 180° und vertikal von etwa 100° (Zihl 2006). Das Gesichtsfeld wird unterteilt in ein binokulares und ein monokulares Gesichtsfeld (Abbildung 1). Der folgende Test verdeutlicht diesen Unterschied: Ein Stift wird in einiger Entfernung vor das Auge gehalten und fixiert. Dann werden erst das linke und danach das rechte Auge geschlossen. Dabei ist zu erkennen, dass ein Ausschnitt des Gesichtsfeldes von beiden Augen, ein Teil aber nur von einem Auge wahrgenommen wird. Wie aus Abbildung 1 ersichtlich, wird dabei die linke Gesichtsfeldhälfte von der nasalen Retina des linken Auges und der temporalen Retina des rechten Auges abgebildet (Bear, Connors, Paradiso 2009). Trifft ein visueller Reiz auf die Netzhaut (*Retina*) wird dieser über den Sehnerv – die gebündelten Axone der Retinaganglienzellen – weitergeleitet. Die Sehnerven beider Augen vereinen sich im *Chiasma opticum* (vgl. Abbildung 1) und ziehen danach als *Tractus opticus* in die verarbeitenden Gebiete des Gehirns. Dabei kreuzen sich die Axone der nasalen Retinaganglienzellen im *Chiasma opticum* und ziehen in die kontralaterale Hemisphäre (vgl. Abbildung 1). Die Axone des *Tractus opticus* bilden Synapsen in verschiedenen subkortikalen Gebieten des Gehirns (Bear, Connors, Paradiso 2009).

Ein Teil der Axone innerviert den Hypothalamus. Diese Projektionen spielen eine wichtige Rolle für den Schlaf-Wach-Rhythmus. (Bear, Connors, Paradiso 2009) Ungefähr 10% der retinalen Ganglienzellen ziehen in einen Bereich des Mittelhirns, den *Colliculus superior* (Abbildung 2). Dieser Teil des Gehirns ist für die Kontrolle der Augen- und Kopfbewegung sowie die Steuerung der Pupillenweite zuständig (Bear, Connors, Paradiso 2009). Diese Eigenschaft ist für das Lesen von großer Bedeutung, da hier die Augenbewegungen während des Lesens – die sogenannten «Sakkaden» – gesteuert werden. Ein weiteres Gebiet, welches an der visuellen Wahrnehmung beteiligt ist, ist das *Pulvinar*. Es handelt sich dabei um eine Struktur im posterioren Thalamus, die aus vier Hauptkernen besteht: dem oralen, dem medialen, dem late-

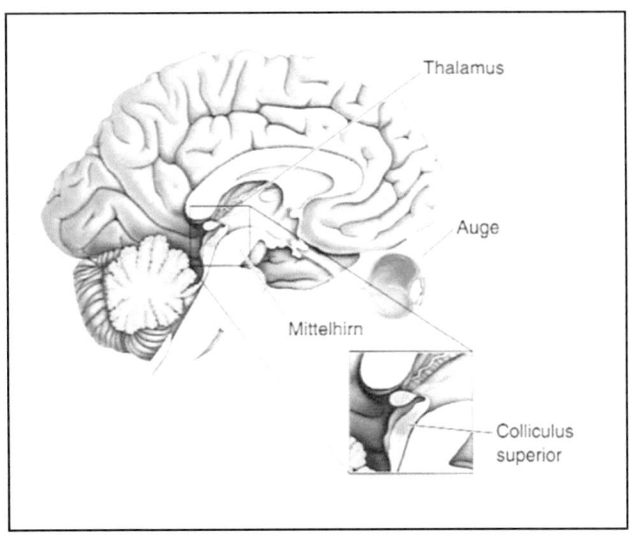

Abb.2: *Colliculus superior (oberer kleiner Hügel) im Mittelhirndach (Bear, Connors, Paradiso 2009, S. 346)*

ralen und dem inferioren Kern. Außerdem oralen Kern sind alle anderen Kerne an der visuellen Wahrnehmung beteiligt. Die Pulvinarkerne erhalten Eingänge aus dem *Colliculus superior*, dem Prätektum, dem primären visuellen Kortex sowie weiteren visuellen Verarbeitungsgebieten des Parietal und des Temporallappens. Die Ergebnisse tierexperimenteller und krankheitsbedingter Läsionsstudien legen nahe, dass das *Pulvinar* eine Rolle bei der Entscheidung spielt, welchem visuellen Reiz die Aufmerksamkeit zukommt – was wiederum eine wichtige Voraussetzung für das Lesen ist. (Bear, Connors, Paradiso 2009; Zihl 2006) Der Großteil der retinalen Axone projiziert in das *Corpus geniculatum laterale* (CGL), das im dorsalen Thalamus lokalisiert ist. Hier werden Informationen verarbeitet, die dann zum primären visuellen Kortex weitergeleitet werden und für die bewusste visuelle Wahrnehmung bedeutsam sind. Deshalb wird diese Bahn auch *Sehstrahlung* (*Radiatio optica*) genannt (Bear, Connors, Paradiso 2009; Kandel, Mason 1995). Da sowohl das CGL als auch der primäre visuelle Kortex für die Wahrnehmung – und damit für das Lesen – eine wichtige Rolle spielen, werden diese Strukturen im Folgenden ausführlicher vorgestellt.

3.1.1 Das Corpus geniculatum laterale (CGL)

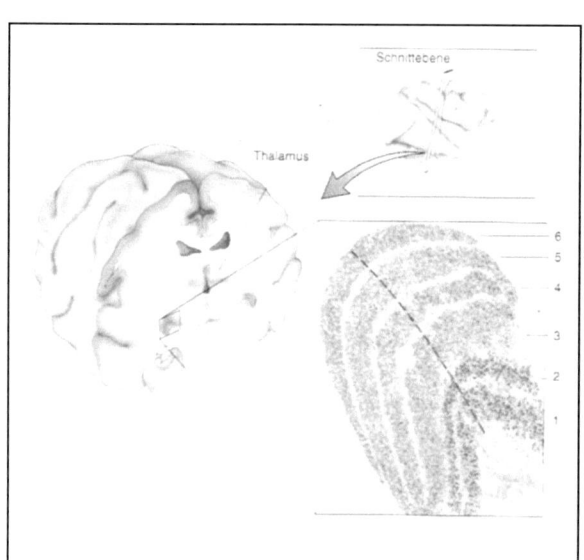

Abb. 3: *Lokalisation des CGL eines Makaken im dorsalen Thalamus und Unterteilung der Schichten im Querschnitt* (Bear, Connors, Paradiso 2009, S. 347)

Das CGL ist im dorsalen Thalamus lokalisiert. Es ist die erste postchiasmatische Schaltstation und empfängt Informationen von den Retinaganglienzellen, den Axonen des primären visuellen Kortex, dem Hirnstamm und anderen Kerngebieten des Thalamus. Etwa 90% der Retinaganglienzellen führen in den primären visuellen Kortex. (Goldstein 2002) Im Querschnitt lassen sich sechs dunkel gefärbte Schichten erkennen. Dabei zeigt sich, dass die Schichten 1 und 2 durch großkörnigere Zellstrukturen gekennzeichnet sind, während die Schichten 3 bis 6 kleinere Zellen besitzen (Abbildung 3). Entsprechend werden die ersten beiden Schichten «magnozellulär» oder «M-Zellen» genannt und die Schichten 3 bis 6 als «parvozellulär» oder «P-Zellen» bezeichnet. Die Schichten zwischen den dunkel gefärbten Bereichen werden koniozelluläre Schichten genannt. Das CGL ist im Gehirn paarig angelegt. Dabei erhält das linke CGL die visuellen Informationen der rechten Gesichtsfeldhälfte. Wie in Abbildung 1, S. 8, zu sehen ist, wird die rechte Gesichtsfeldhälfte von der rechten nasalen Retina und der linken temporalen Retina abgebildet. Die Axone der Retinaganglienzellen des rechten Auges bilden ipsilateral Synapsen mit den Schichten 2, 3 und 5 des CGL und kontralateral mit den Schichten 1, 4 und 6 des CGL. Die rezeptiven Felder (siehe Glossar) der versorgenden Neurone sind nahezu identisch mit denen ihrer Zielstrukturen. Dabei bilden die M-Zellen der Retina Synapsen mit den magnozellulären Schichten des CGL, die P-Ganglienzellen dagegen mit den parvozellulären Schichten des CGL. Die koniozellulären Schichten des CGL erhalten Eingänge von den non-M- und non-P-Zellen der Retina. Die unterschiedlichen Zelltypen analysieren unterschiedliche visuelle Merkmale.

3.1.2 Der primäre visuelle Kortex

Der primäre visuelle Kortex ist im Okzipitallappen lokalisiert. Weitere synonyme Bezeichnungen sind *V1*, *striärer Kortex*, primäre Sehrinde oder *Brodmann-Areal 17*. Der primäre visuelle Kortex ist das einzige Projektionsgebiet des CGL; er ist in sechs Schichten angeordnet. Wie Abbildung 4 zeigt, ist dabei Schicht IV in vier Unterschichten unterteilt, nämlich in in IVA, IVB, IVCαund IVCß (Bear, Connors, Paradiso 2009). Im primären visuellen Kortex befinden sich verschiedene Zelltypen (Abbildung 3.5(b), S. 11). Es lassen sich Sternzellen und Pyramidenzellen unterscheiden, die jeweils andere Verbindungen eingehen und Lokalisationen in der primären Sehrinde haben.

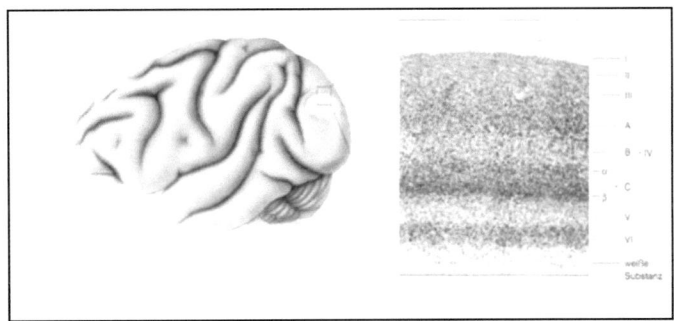

Abb .4: *Ausschnitt aus der primären Sehrinde mit Darstellung der einzelnen Schichten* (Bear, Connors, Paradiso 2009, S. 352)

Sternzellen kommen überwiegend in Schicht IVC vor und bilden Verbindungen innerhalb des primären visuellen Kortex. Außerhalb der Schicht IV kommen überwiegend Pyramidenzellen vor, deren Axone die primäre Sehrinde verlassen

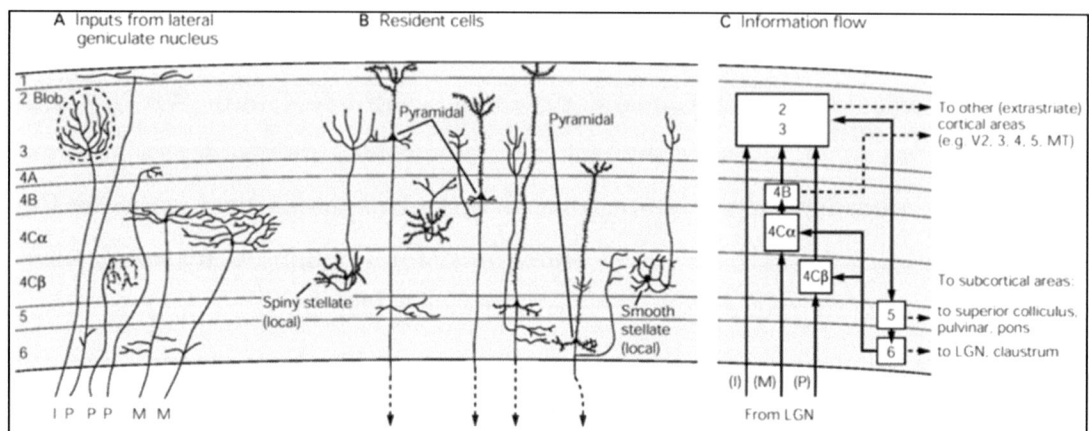

Abb.5 (a) Afferenzen aus dem CGL – I = Interlaminare (Koniozelluläre) Schichten des CGL; P=Parvozelluläre Schichten des CGL; M=Magnozelluläre Schichten des CGL

(b) Zelltypen in den jeweiligen Schichten des primären visuellen Kortex

(c) Efferenzen aus der primären Sehrinde in die sekundären Verarbeitungsgebiete

Übersicht über die zellulären Zusammenhänge im primären visuellen Kortex
(Wurtz, Kandel 2000a, S. 533)

und Verbindungen mit anderen Bereichen des Gehirns bilden (Bear, Connors, Paradiso 2009). Die Informationen aus den jeweiligen Augen werden getrennt voneinander in der Schicht IVC des primären visuellen Kortex abgebildet. Dies geschieht nicht lückenlos, sondern es zeigt sich, dass in regelmäßigen Abständen streifenförmige Anordnungen zu sehen sind. Diese Anordnungen werden *Augen-dominanzsäulen* genannt. Wie schon im CGL, bleibt auch in V1 eine retinotope (siehe Glossar) Projektion aufrechterhalten. Wie bereits erwähnt, sind die verschiedenen Zelltypen in unterschiedlichen Schichten der primären Sehrinde lokalisiert und bilden Verbindungen mit unterschiedlichen Bereichen im primären visuellen Kortex (Abbildung 3.5(a)). Sternzellen aus der Schicht IVC projizieren mit aufsteigenden Axonen hauptsächlich in Schicht IVB und Schicht III. Hier werden die Informationen des rechten und linken Auges erstmals zusammenge-führt. Die Augendominanzsäulen sind nicht mehr so scharf getrennt, weil sich die rezeptiven Felder überlagern und die Informationen beider Augen vermi-schen. Sie werden *binokulare rezeptive Felder* genannt. Ohne diese rezeptiven

Felder wäre der Mensch vermutlich nicht in der Lage, die getrennten Informationen beider Augen zu einem einheitlichen Bild zusammenzufügen (Bear, Connors, Paradiso 2009). Die anatomische Trennung der M- und P-Verarbeitungsströme bleibt auch im primären visuellen Kortex erhalten (Abbildung 3.5(a)). Dabei bekommt die Schicht IVCα magnozelluläre Eingänge vom CGL und projiziert überwiegend in die Schicht IVB (Abbildung 3.5(a) und 3.5(c)). Die parvozellulären Verarbeitungsströme vom CGL werden an die Schicht IVCβ geleitet und projizieren hauptsächlich in die Parvo-Interblobs (für Blobs siehe Glossar) von Schicht II und Schicht III (Abbildung 3.5(c)). Wie aus Abbildung 3.5(a) und 3.5(b) ersichtlich, können die Pyramidenzellen der Schichten III und IVB Synapsen zu den Dendriten von Pyramidenzellen aller Schichten der primären Sehrinde bilden (Bear, Connors, Paradiso 2009; Kandel, Mason 1995). Die Neuronen der primären Sehrinde reagieren auf unterschiedliche Merkmale visueller Reize. So gibt es spezielle Nervenzellen, die nur auf eine Orientierung des Objektes reagieren. Sie erhalten Afferenzen aus den parvozellulären Schichten des CGL (Abbildung 3.5(c)); es wird angenommen, dass diese Zellen die Objektform analysieren. Andere Neuronen reagieren nur auf die Richtung des Reizes. Sie erhalten Eingänge aus den magnozellulären Schichten des CGL und sind vermutlich mit der Analyse der Objektbewegung befasst. Die Neuronen der Blobs erhalten direkte Eingänge aus den koniozellulären Schichten des CGL und sind vermutlich für Farbanalyse visueller Reize zuständig. Von der Netzhaut bis zur primären Sehrinde zeigen sich parallele Verarbeitungspfade -komplexe visuelle Reize werden also getrennt voneinander verarbeitet (Roth 2011). Dabei lassen sich ein magnozellulärer Pfad, ein Parvo-Interblob- und ein Blob-Pfad unterscheiden (Bear, Connors, Paradiso 2009).

3.1.3 Die visuelle Verarbeitung jenseits des primären visuellen Kortex

Jenseits des primären visuellen Kortex zeigt sich eine zunehmende Komplexität und Spezialisierung der verarbeitenden Areale. Diese Gebiete werden auch *sekundäre Verarbeitungsgebiete* und *tertiäre Verarbeitungsgebiete* genannt. Die Weiterverarbeitung visueller Merkmale verläuft entlang von zwei Pfaden, dem dorsalen und dem ventralen Pfad. Obwohl jeder der Pfade Eingänge aus allen in der primären Sehrinde noch getrennten Verarbeitungsströme erhält, kann im weitesten Sinne von einer Fortführung des magnozellulären, Blob- bzw. Parvo-Interblob-Pfades gesprochen werden. Dabei bilden der Parvo-Interblob- und der Blob-Pfad den ventralen Pfad, der auch als der Was-Pfad bezeichnet wird; der magnozelluläre Pfad dagegen bildet den dorsalen Pfad, den sogenannten *Wo-Pfad*. Wie Abbildung 6 zeigt, ziehen die Projektionen zunächst von V1 über V2 zu V3. Ab hier beginnen die parallelen Pfade (Bear, Connors, Paradiso 2009; Kandel, Mason 1995). Der dorsale Pfad verläuft weiter in den medialen Temporallappen (MT oder V5) und in den Parietallappen. Spezielle Bereiche – etwa mediale superiore Temporallappen (MST) – sind vermutlich für die Kontrolle der Augen-

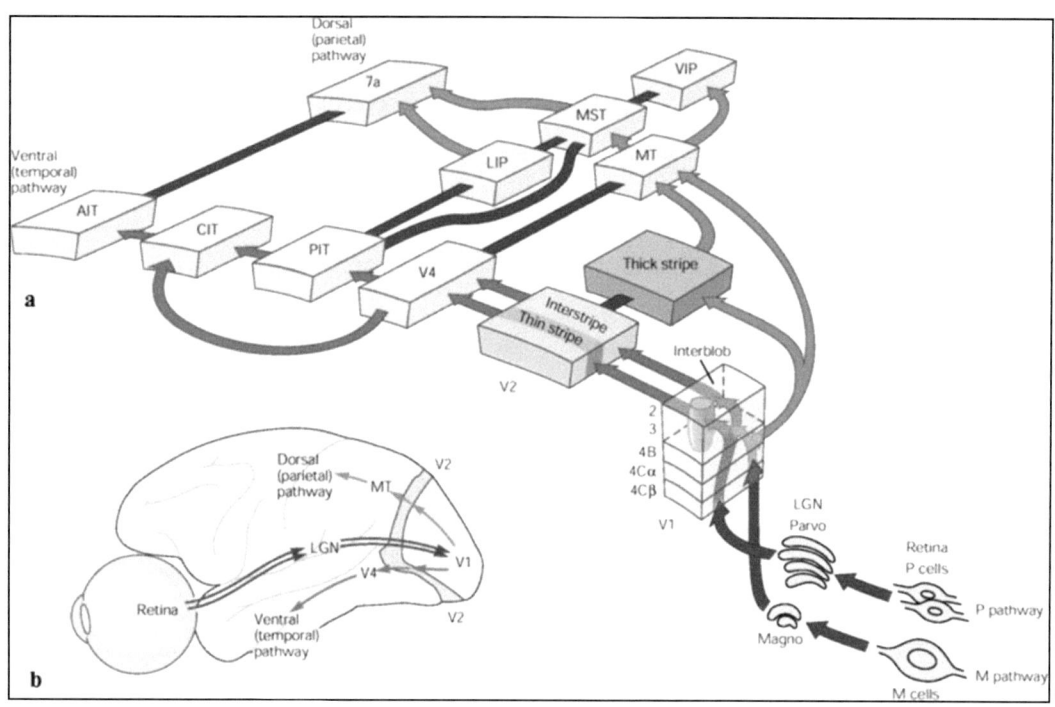

Abb. 6: (a) Detaillierte Abbildung der Verbindungen, (b) Schematische Gesamtübersicht der Verarbeitungswege im Gehirn

Darstellung der visuellen Verarbeitung von der Retina bis zu den sekundären visuellen Arealen (nach Wurtz, Kandel 2000b, S. 550)

bewegungen und der Wahrnehmung bewegter Objekte verantwortlich (Abbildung 6). Der ventrale Pfad verläuft, wie aus Abbildung 6 ersichtlich, über V4 in den inferioren Temporallappen (IT). Das Areal V4 ist vermutlich mit Farbwahrnehmung befasst, denn aus Läsionsstudien ist bekannt, dass Verletzungen in diesem Bereich zu Achromatopsie – der Farbenblindheit – führen. Der inferiore Temporallappen scheint mit der Verarbeitung abstrakter Formen in Verbindung zu stehen. Des Weiteren wird vermutet, dass das visuelle Gedächtnis in diesem

Areal lokalisiert ist. Es gibt einen kleinen Anteil von Neuronen im IT, der auf das Wahrnehmen und Wiedererkennen von Gesichtern spezialisiert ist (Bear, Connors, Paradiso 2009).

3.2 Die neuronalen Vorgänge beim Lesen – ein hypothetisches Modell des Lesens

Wie im letzten Abschnitt gezeigt wurde, ist der Prozess der visuellen Verarbeitung ein komplexer Vorgang, bei dem schon alleine in der primären Sehrinde komplizierte Verbindungen und Verflechtungen zu berücksichtigen sind. Obwohl die visuelle Verarbeitung nur einen Teilaspekt des Lesens darstellt, ist dieser doch ein sehr elementarer – denn ohne funktionierende Augen und ein intaktes Verarbeitungssystem wäre nicht einmal das Blatt zu erkennen, auf dem die Buchstaben und Worte geschrieben sind. Das bedeutet allerdings nicht, dass blinde Menschen nicht lesen könnten – sie tun dies nur mit anderen Sinnesmodalitäten. Wie bereits in Kapitel 1 erwähnt wurde, sind die neuronalen Vorgänge beim Lesen nicht eindeutig aufgeklärt und Neurowissenschaftler, Psychologen sowie Kognitionswissenschaftler auf der ganzen Welt versuchen, dieses Rätsel zu lösen. Im Folgenden wird ein mögliches Modell vorgestellt, das die neuronalen Abläufe während des Lesens und die Veränderungen im Gehirn beim Lesenlernen beschreibt. Dieses Modell von Maryanne Wolf stützt sich auf eine Vielzahl aktueller und auch älterer neuropsychologischer und bildgebender Studien (Wolf 2009). In diesem Modell werden Annahmen zugrunde gelegt, die experimentell zwar belegt, aber nicht uneingeschränkt anerkannt sind. Dies sind das Hebbsche Postulat der *Neuronenverbände* und besonders das von Bruce D. McCandliss, Laurent Cohen & Stanislas Dehaene postulierte *visuelle Wortform-Areal*. Diese beiden Postulate werden in zwei kurzen Exkursen vorgestellt, worauf dann ausführlich auf das Modell von Maryanne Wolf eingegangen wird.

Exkurs 1: Die Neuronenverbände (nach Hebb)

Donald O. Hebb postulierte, dass die interne Repräsentation eines Objekt von den Neuronen abgebildet wird, die durch den äußeren Reiz gleichzeitig aktiviert werden (Hebb 1949). Diese gleichzeitig feuernden Neuronen hat er als Neuronenverband bezeichnet. Hebb nahm an, dass all diese Zellen reziprok miteinander verschaltet sind. Daraus folgerte er, dass die Repräsentation so lange im Kurzzeitgedächtnis bestehe, wie der Reiz anhält. Eine weitere Hypothese war, dass es zu einer Konsolidierung des Neuronenverbands komme, wenn der Reiz lange genug andauere. Dies bewirke einen Wachstumsprozess, der die reziproken Verschaltungen effektiver mache, so dass gemeinsam feuernde Zellen auch synaptisch stark verknüpft blieben. In der Folge müsse dann nur noch ein Teil der Neurone aktiviert werden, um den gesamten Neuronenverband zu aktivieren, der die gesamte Repräsentation des Reizes auslöst (Bear, Connors, Paradiso 2009). Bezogen auf das Lesen ergibt sich daraus, dass die visuellen, orthografischen und phonologischen Repräsentationen so effektiv miteinander verschaltet sein müssen, dass innerhalb von Millisekunden (ms) ein sinnhaftes Wort wahrgenommen wird.

Exkurs 2: Das Wortform-Areal (nach McCandliss, Cohen & Dehaene)

Die Schriftsprache hat sich erst vor etwa 5400 Jahren entwickelt. Daher erscheint es paradox, bei der funktionellen Spezialisierung der extrastriären visuellen Areale von evolvierten Merkmalen, die einem Selektionsdruck unterstanden, auszugehen. Bruce D. McCandliss, Laurent Cohen & Stanislas Dehaene gehen von einem Entwicklungsprozess aus, in dem die Leseerfahrung eine langsame Spezialisierung des ventralen Verarbeitungspfades verursacht hat, die zur Herausbildung eines «visuellenWortform-Areals» (VWFA) geführt habe. Er vergleicht die Fähigkeit der Worterkennung mit dem Expertenwissen eines Ornithologen, der Vögel aufgrund von bestimmten Merkmalen schnell bestimmen kann. Dieses Expertenwissen sei ebenfalls in einem langen Lernprozess mit häufigen Wiederholungen erlangt worden und stelle eine Spezialisierung der Objekterkennung dar. In diesem Sinne ist das VWFA auch mit den Neuronenverbänden von Donald O. Hebb in Einklang zu bringen. Das VWFA ist nach McCandliss, Cohen & Dehaene im okzipitotemporalen Sulcus – an der Grenze zum *Gyrus fusiformis* – lokalisiert. (McCandliss, Cohen, Dehaene 2003) Wie in Abschnitt 2.3 dargestellt wurde, erfordert der Schriftspracherwerb einenjahrelangen Lernprozess, in dem stufenweise spezielle Fertigkeiten erlernt werden. Diese entwicklungspsychologische Beobachtung findet ihre Entsprechung in dem VWFA, denn

14

auch dieses wird im Wesentlichen durch Erfahrung und Übung ausgebildet, um später weitgehend automatisiert zu funktionieren (McCandliss, Cohen, Dehaene 2003). So verändere das Lesen lernen die Physiologie der Sehrinde (Wolf 2009). Dieser Vorschlag ist jedoch nicht unumstritten. Beispielsweise wurde in anderen Untersuchungen gezeigt, dass die Region, in der das VWFA lokalisiert sein soll, auch bei anderen Handlungen – wie zum Beispiel dem Hören gesprochener Sprache oder dem taktilen Lesen der Blindenschrift – aktiviert ist (Pammer et. al. 2004). Zudem ergab eine MEG-Studie, dass vor der Aktivierung des VWFA Bereiche im inferioren temporalen Gyrus – in der Umgebung des Broca-Areals – aktiviert wurden. Dieser Bereich wird unter anderem mit der phonologischen Aufzeichnung in Verbindung gebracht. Dieses Ergebnis wurde dahingehend interpretiert, dass der Worterkennung im *Gyrus fusiformis* eine phonologische Verarbeitung vorausgehe (Pammer et. al. 2004).

3.2.1 Die Aufmerksamkeit

Bevor ein Text gelesen werden kann, muss die Aufmerksamkeit auf den Text gerichtet werden. Da die Aufmerksamkeit und das Bewusstsein ein kapitelfüllendes Thema in Lehrbüchern sind, erhebt diese Darstellung keinen Anspruch auf Vollständigkeit; sie beschränkt sich vielmehr auf die für das Lesen wichtigen Aspekte der Aufmerksamkeitssteuerung. Dabei wird zwischen einer «oberen» kontrollierenden und ausführenden – Aufmerksamkeitsebene und einem «tieferen» Aufmerksamkeitsaktivierungssystem unterschieden: während die Aufmerksamkeitsaktivierung Vigilanz (siehe Glossar) voraussetzt, ist für die selektive Aufmerksamkeit zusätzlich eine phasische Aktivierung notwendig (Hanisch 2005). Die Aufmerksamkeitsaktivierung beinhaltet drei kognitive Operationen, und zwar die Lösung der Aufmerksamkeit vom bisherigen Objekt, die Zuwendung der Aufmerksamkeit auf den Text und die Fokussierung der Aufmerksamkeit auf den Text (Hanisch 2005; Wolf 2009). Die Entscheidung, welche Informationen in den parietalen Kortex gelangen, wird im präfrontalen Kortex getroffen; das Lösen der Aufmerksamkeit erfolgt jedoch in den temporoparietalen Assoziationsarealen. Dieser Prozess erfordert eine ständige und sich wiederholende Aktivität zwischen den primären Projektionsarealen und den entsprechenden Assoziationskortizes. Die Zuwendung der Aufmerksamkeit auf den Text geht mit einer höheren Aktivierung des *Pulvinars* und der *Colliculi superiores* einher. Wenn ein visueller Reiz (bevorzugter Reiz) zusammen mit anderen potenziell ablenkenden Reizen (nicht bevorzugte Reize) auftritt, innervieren die Pulvinarzellen die striären und extrastriären visuellen Areale, so dass dem visuellen Reiz die Aufmerksamkeit zukommt. (Goldstein 2002)

Der *Colliculus superior* ist an der Steuerung der Augenbewegung beteiligt und hat damit ebenfalls einen Anteil an der Zuwendung der Aufmerksamkeit. Das Fokussieren der Aufmerksamkeit wird vom *Nucleus reticularis* des Thalamus, dem präfrontalen Kortex, dem parietalem Kortex, dem *Gyrus cinguli* und von Teilen der Basalganglien gesteuert (Birbaumer, Schmidt 2006). Die exekutiven Funktionen – zu welchen die Inhibition, das Aktivieren und das Verschieben der Aufmerksamkeit sowie die Aktualisierung des Arbeitsgedächtnisses gehören – des «oberen» kontrollierenden Aufmerksamkeitssystems sind in allen Phasen des Lesevorgangs aktiv (Altemeier, Abbott, Berninger 2008). Diese Funktionen werden im Gehirn vom anterioren Teil des *Gyrus cinguli*, dem lateralen und ventralen präfrontalen Kortex und den Basalganglien gesteuert (Hanisch 2005).

3.2.2 Die Sakkaden

Damit ein Text flüssig gelesen werden kann, müssen die Verarbeitungs- und Worterkennungsprozesse weitgehend automatisiert ablaufen. Dabei werden innerhalb von Millisekunden visuelle, orthografische und phonologische Repräsentationen zu einem gelesenen Wort verarbeitet. Zur Automatisierung dieser Pro-

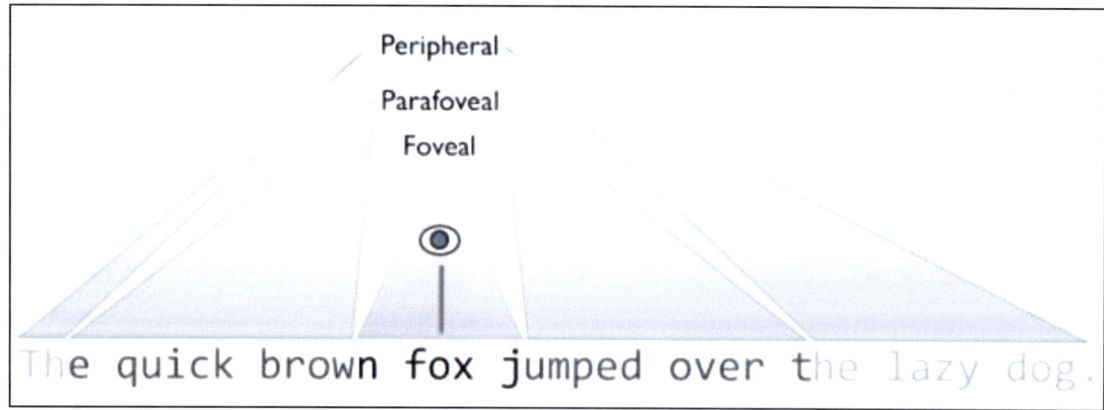

Abb. 6: *Foveale und parafoveale Verarbeitung. Es ist zu erkennen, dass außerhalb des des fovealen Bereiches die Wahrnehmung unschärfer wird. Der foveale Bereich entspricht etwa 1° des gesamten Gesichtsfeldes, der parafoveale Bereich entspricht etwa 2 – 3° und der periphere Bereich entspricht etwa 5° des gesamten Gesichtsfeldes.* (Schotter, Angele, Rayner 2012, S. 6)

zesse trägt unter anderem die Art und Weise bei, in der die Augen über den Text gleiten. Diese Augenbewegungen werden «Sakkaden» genannt. Die Funktion dieser Augenbewegungen ist die Fokussierung des dargebotenen Wortes in die Fovea (siehe Glossar), da hier die Verarbeitung effizienter und genauer ist als in den parafovealen Bereichen (Abbildung 7). Etwa 10 – 15% der Sakkaden sind Regressionen, die dazu dienen, zuvor entgangene Informationen einzuholen. Eine Sakkade dauert ungefähr 20 – 50 ms und entspricht etwa einem Winkelgrad des gesamten Gesichtsfeldes (1°). Die Sakkade wird von einer etwa 200 – 250 ms langen Fixation unterbrochen. Während der Fixation werden in der Fovea visuelle Informationen gesammelt und die Bedeutung des Wortes mit Hilfe des semantischen Wissens ermittelt. Eine Sakkade deckt bei Erwachsenen ungefähr acht Buchstaben, die ungefähr 1° des gesamten Gesichtsfeldes entsprechen, ab. Diese Anzahl wird durch die parafoveale Wahrnehmung auf etwa 12 – 15 Buchstaben, die etwa 2 – 3° des gesamten Gesichtsfeldes entsprechen, erhöht (Abbildung 7). Die zusätzlich wahrgenommenen Buchstaben werden in der nächsten Sakkade in die Fovea fokussiert, so dass die Wahrnehmung jetzt schneller abläuft. Dies ist ein weiterer Vorgang, der den Lesevorgang automatisiert (Schotter, Angele, Rayner 2012; Wolf 2009).

3.2.3 Die phonologische Verarbeitung

Das Ziel des Alphabetprinzips ist die Kenntnis der Graphem-Phonem-Korrespondenzregeln. Das Wissen, dass sich Wörter in Laute zerlegen lassen, ermöglicht die Erkenntnis, dass sich diese Laute umgruppieren lassen, um neue Wörter zu bilden. Wie in Abschnitt 2.3.1 dargestellt wurde, werden Kinder durch diese Kenntnis dazu befähigt, Wörter zu lesen, die sie noch nie zuvor gesehen haben. Die Voraussetzung dafür ist eine korrekte phonologische Verarbeitung. Darüber hinaus zeigen sich beim Vergleich mit Nicht-Lesern durch die Alphabetisierung auch Unterschiede in der Lokalisation der neuronalen Aktivität während der Verarbeitung. So ergab eine Studie, bei der die Probanden Pseudo-Wörter und Wörter nachsprechen sollten, dass während des Lösens dieser Aufgaben bei Lesekundigen die linke inferiore Parietalregion aktiviert war, bei den Nicht-Lesern dagegen die frontopolare Region (Petersson, Reis, Ingvar 2001; Wolf 2009).

3.2.4 Das semantische Wissen

Das Lesetempo hängt davon ab, wie schnell und gut das semantische Wissen eines Wortes von den Lesenden aus dem Langzeitgedächtnis abgerufen wird. Dies ist besonders bei mehrdeutigen Wörtern wichtig, die ihre Bedeutung je nach ihrem Kontext ändern. Während des Lesens werden die gespeicherten Informationen aus dem semantischen Gedächtnis – das zum deklarativen Gedächtnis gezählt wird – abgerufen. Das deklarative Langzeitgedächtnis ist vermutlich im medialen Temporallappen lokalisiert. Das gesamte Wortwissen setzt sich aus der Orthografie, der Phonologie und der Semantik (siehe Glossar) eines Wortes zusammen (Bear, Connors, Paradiso 2009; Locker, Simpson, Yates 2003; Wolf 2009). Das flüssige und schnelle Lesen fällt auch dann leichter, wenn der Text viele vertraute und bekannte Wörter enthält. So wird im Kontext der vorliegenden Arbeit das Wort „Gehirn" wesentlich schneller gelesen als beispielsweise das Wort „Mesomeriegrenzstrukturanalyse".

3.2.5 Ein möglicher chronologischer Ablauf des Lesens

Die eben dargestellten Prozesse lassen sich zeitlich derart trennen, dass ein Ablaufmodell der beim Lesen ablaufenden neuronalen Prozesse entsteht (Abbildung 8). Der neuronale Ablauf ist allerdings wahrscheinlich nicht so linear, wie es die Abbildung nahelegt – vielmehr laufen die Prozesse laufen teilweise parallel ab, teilweise auch vorwärts und rückwärts.

Etwa 50 – 150 ms nach dem Erscheinen des Wortes setzen die visuellen und orthografischen Repräsentationsprozesse ein. Dies geschieht vorwiegend im Okzipitallalppen und in temporo-parietalen Bereichen des Gehirns. Dabei wird geprüft, ob die dargebotene Buchstabenfolge ein in der Sprachgemeinschaft zulässiges Muster („Kind" vs. „Dkni") darstellt und ob dieses zulässige Muster einem existierenden Wort entspricht („Kind" vs. „Knid"). Ungefähr 150 – 250 ms nach Erscheinen des Wortes werden die Ausführungsund Aufmerksamkeitssysteme aktiviert, die die nächsten Sakkaden beeinflussen. Dabei wird geprüft, ob genügend Informationen über das gelesene Wort vorhanden sind und ob etwa 250 ms nach Erscheinen des Wortes zur nächsten Sakkade angesetzt werden kann, oder ob eine Regression erforderlich ist. Die semantischen und phonologischen Prozesse laufen jeweils in einer Zeit zwischen 200 ms und 500 ms ab (Wolf 2009).

Unabhängig davon, ob das vorgeschlagene Modell die neuronalen Vorgänge exakt abbildet oder nicht – eines sollte deutlich werden: Die experimentellen Ergebnisse zeigen, dass dem Lesen mehrere Strukturen und Verarbeitungsvorgänge zugrunde liegen, die aufeinander abgestimmt sein und in kürzester Zeit ausgeführt werden müssen. Welche Folgen ein Ungleichgewicht dieser Verarbeitungsvorgänge durch eine veränderte Hirnstruktur haben, soll im nächsten Abschnitt näher untersucht werden, wo die Dyslexie und ihre Ursachen näher besprochen werden.

3.3 Die entwicklungsbedingte Dyslexie

Bei der Dyslexie – auch als «Lese-Rechtschreib-Störung» bezeichnet – handelt es sich um eine umschriebene Entwicklungsstörung schulischer Fertigkeiten. Da die Betroffenen ansonsten mindestens durchschnittlich intelligent begabt sind, wird auch von einer *Teilleistungsstörung* gesprochen. Dabei zeigen sich sowohl

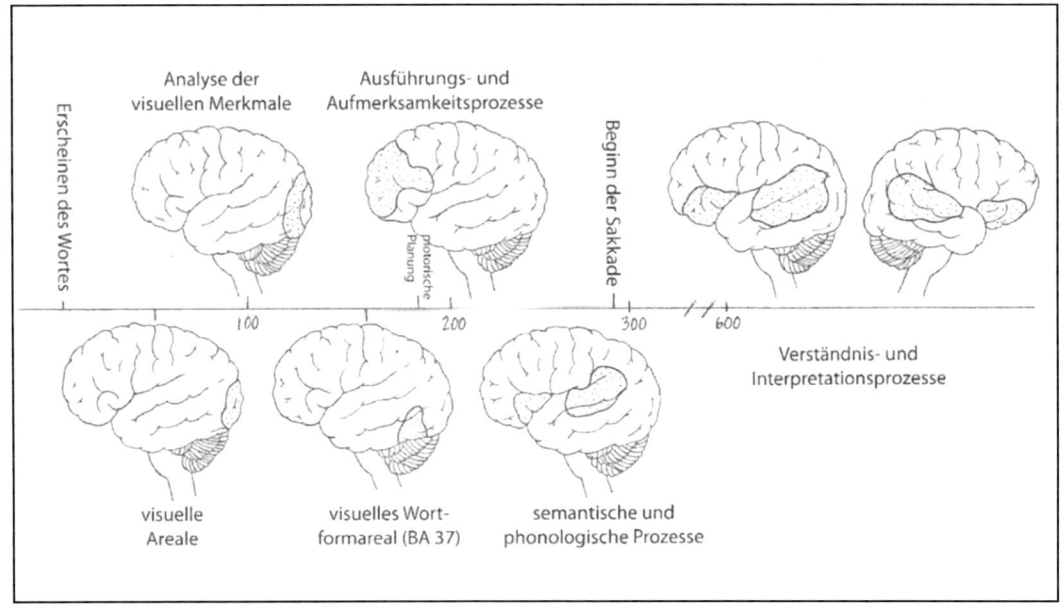

Abb. 7: *Ein möglicher neuronaler Ablauf während des Lesens. Die gepunkteten Bereiche stellen die aktivierten Hirnbereiche dar. Die Skala ist in Millisekunden angegeben.* (Wolf 2009, S. 171)

Defizite beim Leseakt als auch im Textverständnis. Das ICD-10 (siehe Glossar) beschreibt als Symptome des Leseakts Auslassungen und Ersetzungen, das Verdrehen von Worten und Wortteilen, eine niedrige Lesegeschwindigkeit, Startschwierigkeiten beim Vorlesen sowie Vertauschungen von Wörtern im Satz und

Buchstaben in Wörtern. Die Defizite im Leseverständnis umfassen unter anderem die Unfähigkeit, das Gelesene wiederzugeben, und die Unfähigkeit, aus dem Gelesenen Schlüsse zu ziehen oder darin Zusammenhänge zu erkennen (Weltgesundheitsorganisation 1990). Je nach Art der Beeinträchtigung lassen sich die Betroffenen grob in zwei Gruppen einteilen, wobei Defizite der phonologischen Funktionen als die häufigere Beeinträchtigung betrachtet und von den seltener auftretenden Defiziten in der visuellen Analyse abgegrenzt werden (Heubrock, Petermann 2000). Diese Defizite lassen sich mit neuroanatomischen Veränderungen erklären. Seit über 100 Jahren ist bekannt, dass die Dyslexie nicht zufällig auftritt, sondern eine hohe familiäre Häufung aufweist. Daher wurde eine hereditäre Komponente vermutet. Die Obduktionen der Gehirne Betroffener zeigten Fehlbildungen des Neokortex, die durch ungereifte und nur teilweise migrierte Neuronen gekennzeichnet waren. Dass es einen Zusammenhang zwischen einer gestörten Neuronenmigration (siehe Glossar) und einer Strukturveränderung gibt, ist aus klinischen Studien bekannt, die sich zum Beispiel mit den Lissenzephalien befassen. Durch die Fortschritte der molekularen Biowissenschaften wurden bald entsprechende Genmutationen gefunden, die potenziell in der Lage sind, die neuroanatomischen Veränderungen, welche in der Folge eine Lesestörung auslösen können, zu erklären (Gabel et. al. 2010; Scerri, Schulte-Körne 2010). Im Folgenden werden die Kandidatengene sowie die Funktionen der durch diese Gene codierten Proteine vorgestellt. Davon ausgehend werden die neuroanatomischen Veränderungen erläutert, die die oben genannten Defizite bewirken können.

3.3.1 Die Genetik der Dyslexie

Wenn hier von einer genetischen Komponente die Rede ist, bedeutet das nicht, dass es ein spezielles „Lese-Gen" gibt. Die Kandidatengene codieren bestimmte Proteine, welche bei Funktionsuntüchtigkeit eine veränderte Struktur in sich entwickelnden Gehirnen bewirken können (Gabel et. al. 2010; Scerri, Schulte-Körne 2010). Des Weiteren sei darauf hingewiesen, dass eine genetische Veränderung nicht automatisch bedeutet, dass die Betroffenen eine Lesestörung ausbilden. Dafür ist das Thema Dyslexie auch aus Sicht der molekularbiologischen Ergebnisse einfach zu komplex. Die Suche nach den genetischen Einflüssen ist nur ein weiterer Versuch, die Dyslexie besser zu verstehen. So könnten die Familien, in denen die Lesestörung bereits aufgetreten ist, mit dem Wissen um eine erbliche Komponente ihre Kinder ganz anders fördern und so einer manifesten Dyslexie unter Umständen vorbeugend begegnen.

3.3.2 Die Kandidatengene

Bisher wurden neun Genloci identifiziert, die mit der entwicklungsbedingten Dyslexie in Verbindung gebracht werden können. Von diesen neun werden hier drei vorgestellt, da bei diesen Genen die Funktionen der codierten Proteine tier- und humanexperimentell gut untersucht wurden. Dabei handelt es sich um die Gene DYX1, KIAA0319 und DCDC2,

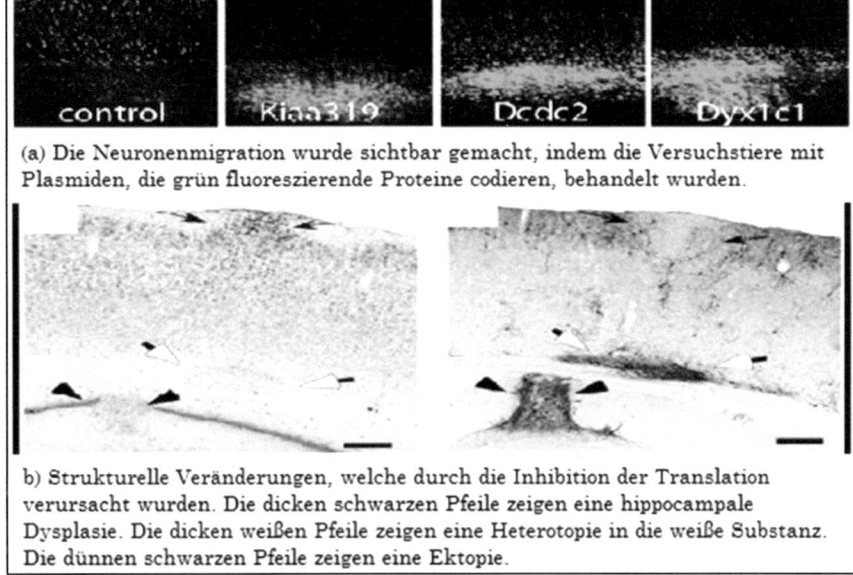

(a) Die Neuronenmigration wurde sichtbar gemacht, indem die Versuchstiere mit Plasmiden, die grün fluoreszierende Proteine codieren, behandelt wurden.

b) Strukturelle Veränderungen, welche durch die Inhibition der Translation verursacht wurden. Die dicken schwarzen Pfeile zeigen eine hippocampale Dysplasie. Die dicken weißen Pfeile zeigen eine Heterotopie in die weiße Substanz. Die dünnen schwarzen Pfeile zeigen eine Ektopie.

Abb. 9: *Zytologische Ergebnisse tierexperimenteller Untersuchungen zum Einfluss der Inhibition der Gene DYX1C1, KIAA0319 und DCDC2* (nach Gabel et. al. 2010, S. 176)

von denen KIAA0319 und DCDC2 auch zu DYX2 zusammengefasst werden. Die Aussagekraft der Ergebnisse tierexperimenteller Untersuchungen für den Menschen ist möglich, weil es sich bei den Kandidatengenen um homologe Gene handelt, die bei Mensch und Tier ähnliche Funktionen haben und zu ähnlichen Veränderungen führen. (Gabel et. al. 2010; Scerri, Schulte-Körne 2010)

3.3.2.1 DYX1

Das DYX1 ist auf dem Chromosom 15 lokalisiert. Die Ursache für die Funktionsbeeinträchtigung der codierten Proteine ist eine Translokation (siehe Glossar) dieses Chromosoms. in internationalen Vergleichsstudien wurde festgestellt, dass sie unterschiedliche Regionen auf dem Chromosom betrifft (Gabel et. al.

2010; Scerri, Schulte-Körne 2010). Durch die Translokation kommt es zu einem Bruch in den Exons (siehe Glossar) des Gens DYX1C1, dem Dyslexia Suspectibility 1 Candidate 1. In tierexperimentellen Untersuchungen mit Ratten konnte gezeigt werden, dass eine induzierte Inhibition von DYX1C1 zu einer gestörten Neuronenmigration (Abbildung 3.9(a) zu Fehlbildungen bestimmter Hirnstrukturen führte (Abbildung 3.9(b). Diese umfassten Heterotopien in die weiße Substanz, Ektopien in die Schicht 1 des Neokortex sowie hippocampale Heterotopien mit Dysplasien (Abbildung 3.9(b)). Bei Verhaltenstests mit den behandelten Tieren konnte gezeigt werden, dass sie sowohl auditorische Verarbeitungsdefizite als auch Defizite bei der räumlichen Orientierung zeigten. Dies gilt besonders für Tiere, die als Folge der induzierten Inhibition hippocampale Heterotopien aufwiesen (Gabel et. al. 2010; Scerri, Schulte-Körne 2010).

3.3.2.2 DYX2

Der DYX2-Lokus liegt auf dem Chromosom 6. Hier sind zwei Gene lokalisiert, die mit der entwicklungsbedingten Dyslexie in Verbindung stehen: KIAA0319 und DCDC2. Die beiden Gene liegen etwa 150 Basenpaare (Bp) voneinander entfernt auf dem p-Arm. Anders als bei DYX1, konnte die gleiche Lokalisation von DYX2 in mindestens fünf unabhängigen Studien bestätigt werden (Gabel et. al. 2010; Scerri, Schulte-Körne 2010). In tierexperimentellen Untersuchungen mit Mäusen und Ratten konnte gezeigt werden, dass eine induzierte Inhibition von KIAA0319 zu einer ähnlich gestörten Migration führt wie bei DYX1 (Abbildung 3.9(a)). Die nur teilweise migrierten Neuronen fanden sich oft orthogonal zum Gerüst der radialen Stützgliazellen. Daraus wurde geschlossen, dass die Vorläuferzellen die Verbindung zu den radialen Gliazellen verloren haben. Vermutlich liegt das an der Funktion des codierten Proteins von KIAA0319, von dem bekannt ist, dass es die Zellhaftung in den Nierenzellen vermittelt. Eine weitere bekannte Funktion von KIAA0319 ist die Verbindung und Stabilisation von Mikrotubuli. Deshalb wird es auch mit den wachsenden Axonen durch das *Corpus callosum* in Verbindung gebracht (Gabel et. al. 2010). Die molekulargenetische Forschung brachte neue Erkenntnisse für die Dyslexieforschung. Dennoch ist es verfrüht, zu behaupten, dass die Dyslexie durch eine gestörte Neuronenmigration ausgelöst werde. An dieser Stelle sei auch auf die Grenzen der Aussagekraft der Ergebnisse hingewiesen. Bei den Untersuchungen mit Nagern wurden spezielle Gene inhibiert, die im Verdacht stehen, bei Menschen mit der Dyslexie verbunden zu sein. Deshalb wurden die Tiere in den Verhaltenstests auch nur auf die Fähigkeiten hin getestet, die erwartungsgemäß bei den strukturellen Anomalien gestört werden. Es ist jedoch nicht bekannt, ob die identifizierten Gene nicht auch noch andere Funktionen haben – und wie und ob diese Funktionen mit der Neuronenmigration in Verbindung stehen. Auch wird ein Großteil des genetischen Risikos nicht zwingend von den vorgestellten Genen getragen (Gabel et. al. 2010). Des Weiteren sind – wie am Beispiel von DYX1 deutlich wurde – im internationalen Vergleich unterschiedliche Genloci für die Translokation identifiziert worden. Neben der genetischen Disposition spielen auch Umweltfaktoren unterschiedlichster Art eine Rolle, welche aber in den molekulargenetischen Untersuchungen nicht berücksichtigt wurden.

Exkurs 3: Die Asymmetrie des *Planum temporale*

Über anatomische Unterschiede der beiden Gehirnhälften wurde bereits im 19. Jahrhundert berichtet. Die ersten guten quantitativen Daten, die eine Asymmetrie der beiden Hemisphären nachwiesen, lieferten Norman Geschwind und Walter Lewitzky. Der signifikanteste Unterschied, den sie entdecken konnten, war das *Planum temporale*, welches im dorsalen Temporallappen lokalisiert ist. Die Auswertung von 100 Gehirnen, die *post mortem* untersucht wurden, ergab, dass bei 65 Gehirnen das linke *Planum temporale* größer war als das rechte. Diese Entdeckung führte zu der Hypothese, dass das *Planum temporale* deswegen größer sei, weil es sich bei der linken Hemisphäre um die sprachdominante Hirnhälfte handle. Diese Hypothese konnte widerlegt werden, da sogar bei Feten das linke *Planum temporale* größer ist und die unterschiedliche Größe deshalb keine Entwicklungsfolge sein konnte. Deshalb wurde die Hypothese dahingehend umformuliert, dass die linke Hemisphäre eben deshalb sprachdominant sei, weil das linke *Planum temporale* größer ist als das rechte. (Bear, Connors, Paradiso 2009)

3.4 Die neuroanatomischen Veränderungen und ihre Auswirkungen auf die kognitiven Leistungen beim Menschen

Die zytologischen Untersuchungen der obduzierten Gehirne von vier Männern und drei Frauen zeigten neuroanatomische Veränderungen der perisylvischen Region. Sie beinhalteten eine beinahe vollständige Symmetrie des *Planum temporale* (siehe dazu Exkurs 3) sowie neuronale Ektopien. Die Symmetrie des *Planum temporale* wurde auf eine verringerte Windungsbildung (Mikropolygyrie) während der Ontogenese zurückgeführt. Die neuronalen Ektopien wurden häufig in der Schicht 1 des linken inferioren frontalen Gyrus und des linken superioren temporalen Gyrus gefunden. Aus weiteren Untersuchungen mit diesen Personen war bekannt, dass einige von ihnen visuelle Verarbeitungsstörungen hatten, während andere auditorische Verarbeitungsstörungen aufwiesen. Neuroanatomisch zeigte sich bei den Personen mit visuellen Verarbeitungsstörungen eine Desorganisation das CGL, die nur die magnozellulären Schichten betraf. Die Zellkörper der magnozellulären Schichten waren kleiner als die in Vergleichsgehirnen Nicht-Betroffener. Ein ähnlicher Befund zeigte sich bei Personen mit auditorischen Verarbeitungsstörungen. Allerdings betraf die Veränderung hier das *Corpus geniculatum mediale* (CGM). Während die magnozellulären Schichten mehr Neurone als das CGM von Vergleichsgehirnen Nicht-Betroffener enthielten, enthielten die parvozellulären Schichten weniger Neurone als das CGM von Vergleichsgehirnen Nicht-Betroffener. Des Weiteren war eine Asymmetrie zwischen dem linken und rechten CGM zu erkennen. Bei vielen von Dyslexie betroffenen Personen konnte auch eine reduzierte Lateralisation der Hirnfunktionen beobachtet werden. Diese Lateralisation sorgt unter anderem auch dafür, dass die beim Lesenlernen zuerst noch beanspruchte rechte Gehirnhälfte später von den sprach-assoziierten Arealen der linken Gehirnhälfte abgelöst wird. (Heubrock, Petermann 2000; Scerri, Schulte-Körne 2010). Welche Symptome sich aus den genannten Defiziten für die Betroffenen ergeben, soll im nächsten Abschnitt näher besprochen werden. Eine kurze Einführung in die auditorische Verarbeitung und ein Modell zur Darstellung der Sprachverarbeitung im Gehirn sollen zunächst dabei helfen, die Symptome besser zu verstehen. Darauf aufbauend werden die Symptome vorgestellt. Schließlich werden dann die Diagnostik und die Therapie der Dyslexie zu behandelt.

3.5 Die Symptome der Dyslexie und ihre neurobiologischen Grundlagen

Wie in Abschnitt 2.1 dargestellt wurde, vollzieht sich der Spracherwerb zu Beginn des Lebens über die Wahrnehmung der rhythmisch-prosodischen Muster (vgl. Abschnitt 2.1.1) und der phonologischen Kategorien der Sprachgemeinschaft der Kinder (vgl. Abschnitt 2.1.2). Um diese Muster und Kategorien wahrzunehmen, bedarf es eines funktionierenden auditorischen Systems.

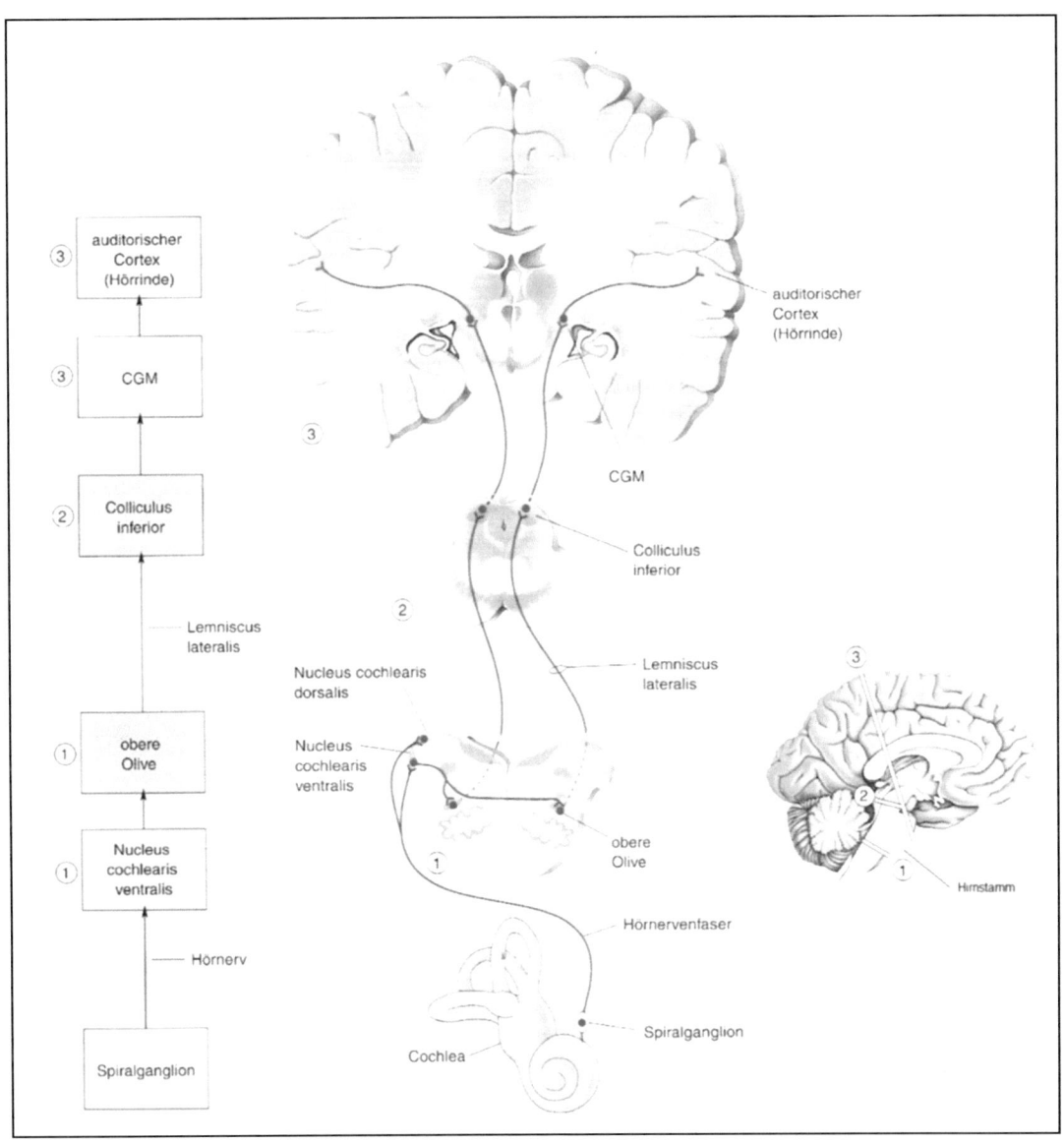

Abb. 10: *Die auditorische Verarbeitung von der Cochlea bis zur primären Hörrinde* (Bear, Connors, Paradiso 2009, S. 400)

3.5.1 Die auditorische Verarbeitung

Anders als die visuelle Verarbeitung ist die Analyse von auditorischen Reizen weit weniger gut verstanden. Es zeigen sich jedoch einige Analogien zur visuellen Verarbeitung. So sind beispielsweise die auditorischen Repräsentationen analog zur Retinotopie tonotop angeordnet. Es werden auch ähnliche Strukturen im Gehirn innerviert. Des Weiteren ist der Schichtenaufbau des primären visuellen Kortex (siehe Abschnitt 3.1.2) als allgemeines Organisationsprinzip des Neokortex zu betrachten (Bear, Connors, Paradiso 2009), weshalb darauf in diesem Teil nicht näher eingegangen wird. Außerdem wird die zentrale auditorische Verarbeitung vom Spiralganglion bis zum primären auditorischen Kortex gezeigt (Abbildung 10). Die Axone des Spiralganglions ziehen als Teile das Nervus vestibulocochlearis (Hirnnerv VIII) in den Hirnstamm und innervieren auf der Ebene der Medulla oblongata den Nucleus cochlearis ventralis und den Nucleus cochlearis dorsalis. Neurone des Nucleus cochlearis ventralis projizieren in die obere Olive (Nucleus olivaris superior) auf beide Seiten des Hirnstamms. Fast alle Nervenzellen der Nuclei olivares superiores erhalten Eingänge aus beiden Ohren (binauraler Input). Diese Verarbeitungsform ist für das räumliche Hören sehr wichtig, da sie den Abgleich der binauralen Inputs ermöglicht. Von der oberen Olive ziehen die Axone weiter über die seitliche Schleifenbahn (Lemniscus lateralis) und innervieren den Colliculus inferior im Mittelhirn. Von dort ziehen die Axone weiter in das Corpus geniculatum mediale im Thalamus. Die Efferenzen verlassen das CGM und projizieren dann über die Capsula interna weiter in den primären auditorischen Kortex. Analog zur visuellen Verarbeitung ziehen die Axone des CGM in die Schicht IV der primären Hörrinde. Diese Faserbahn wird auch Hörstrahlung (Radiatio acustica) genannt. Der primäre auditorische Kortex ist auf der oberen Windung des Temporallappens lokalisiert (Gyrus temporalis superior) und entspricht dem Brodmann-Areal 41. Vom primären auditorischen Kortex werden die Informationen an andere Kortexregionen (Brodmann-Areal 42) geleitet, die mit der Verarbeitung und der Interpretation von komplexen auditorischen Reizen befasst sind. Zu diesen komplexen Reizen zählt auch die Sprache (Bear, Connors, Paradiso 2009; Spreckelmeyer, Münte 2008).

3.5.2 Die Sprachverarbeitung nach dem Wernicke-Geschwind- Modell

Das Modell der Sprachverarbeitung wurde von dem Neurologen und Psychiater Carl Wernicke aufgestellt und später von dem Neurologen und Neurowissenschaftler Norman Geschwind aufgegriffen und modifiziert. Dieses Modell versucht die neuronale Verarbeitung von Sprache zu zeigen, wie anhand von zwei

Aufgaben demonstriert wird. Die erste Aufgabe ist das Nachsprechen eines gehörten Wortes oder Satzes (Abbildung 3.11(a)), die zweite das Vorlesen eines
Wortes (Abbildung 3.11(b); siehe Bear, Connors, Paradiso 2009). Das gehörte-
Wort – respektive der gehörte Satz – folgt der auditorischen Verarbeitung bis zu
den sekundären auditiven Verarbeitungsarealen (siehe Abschnitt 3.5.1). Von dort
erreicht die Information eine Region im parietal-temporal-okziptalen Assoziati-
onskortex, dem *Gyrus angularis*, von wo sie weiter ins Wernicke-Areal gesandt
wird. Dieses Areal wird mit dem Verstehen von Wörtern in Verbindung gebracht.
Über den *Fasciculus arcuatus* verläuft der Informationsfluss in das Broca-Areal.
Hier wird die auditorische Repräsentation in eine grammatische Satzstruktur
umgewandelt. Zudem wird vermutet, dass auch das Gedächtnis für die Artikula-
tion im Broca-Areal lokalisiert ist. Die Information über das Klangmuster des
Wortes oder des Satzes wird an einen Bereich des motorischen Kortex gesandt,
der die Aussprache kontrolliert, und das Wort oder der Satz wird ausgesprochen.
Für das Vorlesen wurde ein ähnlicher Verarbeitungsweg vermutet. Das gelesene
Wort folgt der visuellen Verarbeitung (siehe Abschnitt 3.1 ff.) über den *Gyrus
angularis* zum Wernicke-Areal. Hier wird die visuelle Information in eine phonetische Repräsentation umgewandelt; das phonetische Muster erreicht über das
Broca-Areal den motorischen Kortex und das Wort wird vorgelesen (Kandel
1995). Das Modell hat allerdings auch Fehler und ist teilweise stark vereinfacht.

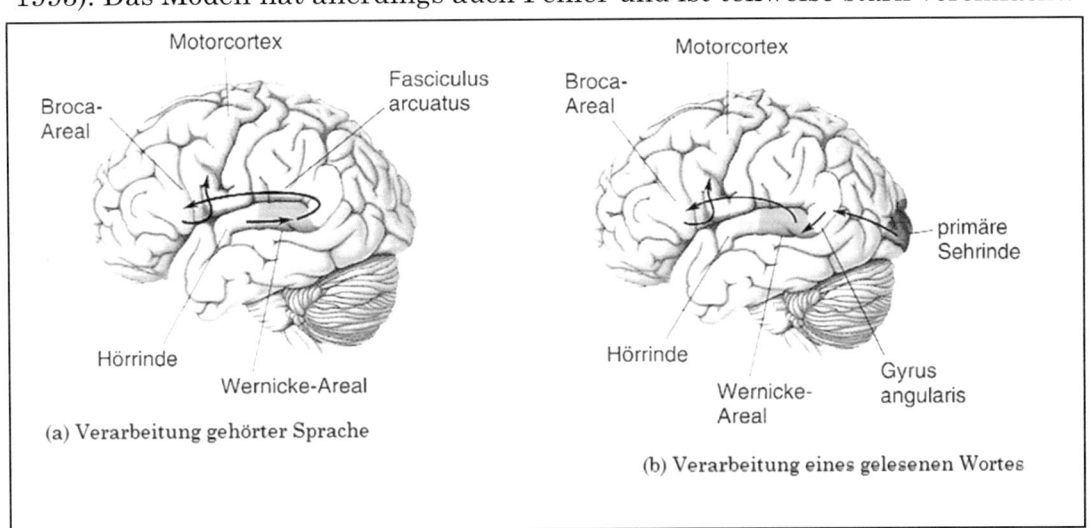

(a) Verarbeitung gehörter Sprache

(b) Verarbeitung eines gelesenen Wortes

Abb. 11: *Die Sprachverarbeitung nach dem Wernicke-Geschwind-Modell. Die Pfeilrichtungen geben
die Richtung des Informationsflusses an.* (Bear, Connors, Paradiso 2009, S. 705)

So konnte mittlerweile gezeigt werden, dass beim Vorlesen eines Wortes nicht zwingend der Weg über den *Gyrus angularis* gegangen wird – visuelle Informationen können nämlich auch direkt von der primären Sehrinde zum Broca-Areal geleitet werden. Des Weiteren werden die subkortikalen Strukturen, die an der Sprachverarbeitung beteiligt sind, in diesem Modell nicht berücksichtigt (Bear, Connors, Paradiso 2009).

3.6 Die Symptome der umschriebenen Defizite

Die in Abschnitt 3.3 aufgeführte Unterteilung in phonologische und visuelle Defizite soll hier anhand des Dual-Route-Modell näher erläutert werden; davon ausgehend werden dann die Symptome der Betroffenen aufgezeigt. An dieser Stelle sei darauf hingewiesen, dass die Darstellungen für Sprachen, denen eine regelkonforme Graphem-Phonem- Korrespondenz (GPK) zugrunde liegt – wie etwa Deutsch oder Finnisch – zutreffen. Bei diesen Sprachen entsprechen bestimmte Buchstaben (Grapheme) bestimmten Lauten (Phonemen). Das bedeutet, dass beim Lesenlernen die Kenntnis dieser Zuordnungen vorhanden sein muss, um einen regulären Schriftspracherwerb zu ermöglichen (De Bleser 2009; Peterson, Pennington 2012).

3.6.1 Das Dual-Route-Modell der Wortverarbeitung

Dieses Modell (Abbildung 12) ist ein Versuch, die Wortverarbeitung für das Lesen und das Schreiben abzubilden. An dieser Stelle ist nur der linke Teil des Modells von Bedeutung. Die graphematische Analyse hat für die Worterkennung eine dreifache Funktion: das Erkennen des einzelnen Buchstabens, die Ermittlung der Position des Buchstabens sowie die Gruppierung zu einem Wort zusammengehöriger Buchstaben. Mittels des semantischen Wissens wird die Wortbedeutung ermittelt. Die identifizierten Buchstaben werden mit Hilfe der Graphem-Phonem-Korrespondenzregeln phonemisch umgesetzt und können nach kurzer Speicherung im phonologischen Buffer (phonologisches Arbeitsgedächtnis) gelesen werden. Das graphematische Input-Lexikon prüft, ob die dargebotenen Buchstabenreihen bekannten orthografische Wortformen entsprechen, so dass unbekannte Wörter und Nicht-Wörter als solche erkannt werden.

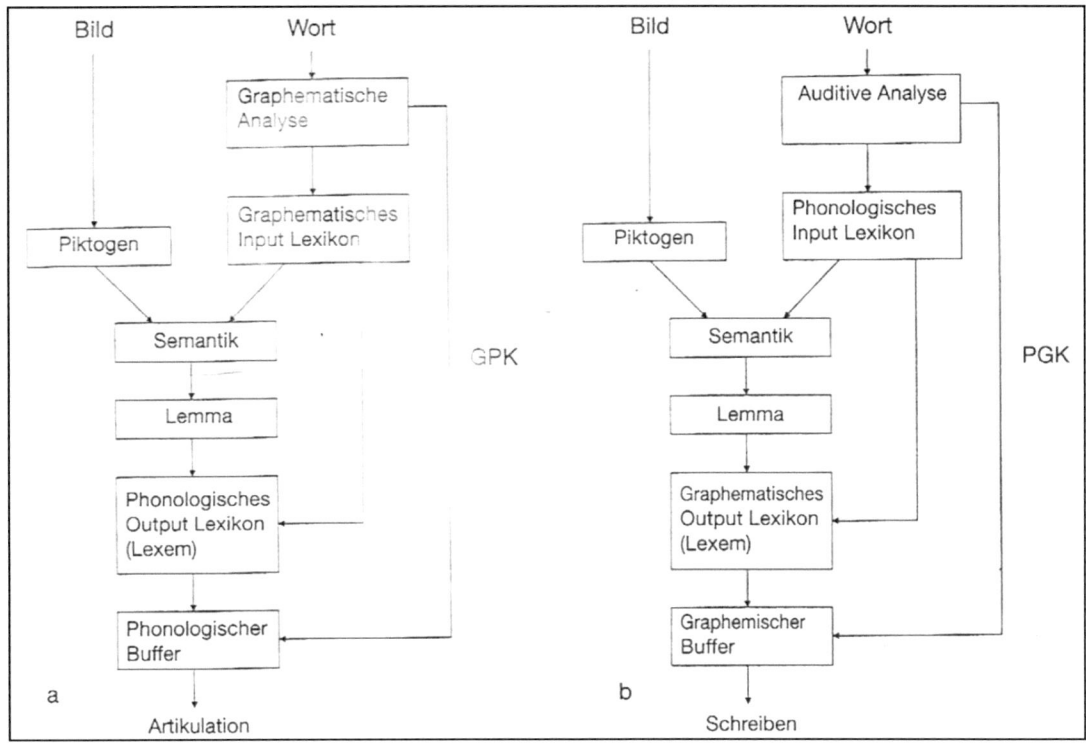

Abb. 12: *Wortverarbeitung für das Lesen und Schreiben nach dem Dual-Route-Modell. GPK steht für Graphem-Phonem-Korrespondenz.* (De Bleser 2009, S. 611)

Das phonologische Output-Lexikon beinhaltet die Lautformen bekannter Wörter. Bei Betroffenen, die auditorische Defizite – auch als *Tiefendyslexie* bezeichnet – aufweisen, ist die GPK-Route blockiert, so dass unbekannte und Nicht-Wörter aufgrund der phonemischen Zuordnung der Buchstaben nicht gelesen werden können. Bei Betroffenen mit visuellen Defiziten – auch *Oberflächendyslexie* genannt – verläuft die Wortverarbeitung nicht über die Semantik; sie wird stattdessen direkt über den phonologischen Buffer und über die GPK ausgeführt. Das führt dazu, dass Wörter und Nicht-Wörter zwar gelesen werden können, aber kein Wortverständnis vorhanden ist. (De Bleser 2009) Wie sich die beschriebenen Störungen im Einzeln äußern, soll im nächsten Abschnitt dargestellt werden.

3.6.2 Die Defizite und ihre Ausprägung

3.6.2.1 Phonologische Defizite

Bei der phonologisch begründeten Dyslexie können die betroffenen Kinder die Lautstruktur der Sprache nicht richtig analysieren. Diese Dekodierungsschwäche bewirkt, dass dem vorgegebenen Buchstaben keine lautliche Entsprechung zugeordnet werden kann. Des Weiteren zeigt sich häufig eine reduzierte phonematische Aufmerksamkeit, was dazu führt, dass ähnliche klingende Laute (/B/ statt /P/) nicht unterschieden werden können oder dass nur ein Teil der gehörten Information wahrgenommen wird („Eis" statt „Eisen"). Diese Kinder sind sich in der Interpretation der Laute unsicher und müssen ein höheres Maß an Aufmerksamkeit der phonemischen Dekodierung widmen, was das gleichzeitige Verstehen des Gehörten erschwert (Heubrock, Petermann 2000). Bei einer anderen auditorischen Schwäche wird der Sprachfluss nicht sinnhaft segmentiert. Dadurch wird das Sprachverständnis – und im nächsten Schritt auch das Leseverständnis – gestört. Ein gutes Beispiel für diese Ausprägung sind die „Blumento- Pferde", die bei etwas anderer Segmentierung plötzlich zur „Blumentopferde" werden. Kinder mit dieser Schwäche lesen zwar häufig langsam und fragmentarisch, aber korrekt (Heubrock, Petermann 2000).

3.6.2.2 Visuelle Defizite

Bei Kindern mit visuellen Defiziten zeigen sich eine verzögerte Verarbeitungsgeschwindigkeit, unsystematische Suchbewegungen der Augen, eine gestörte visuell-räumliche Analyse sowie Störungen der Figur-Hintergrund-Unterscheidung. Die schnelle und korrekte Analyse visueller Reize ist besonders zu Beginn des Leselernprozesses von großer Bedeutung, da hierbei – anders als in der bisherigen Alltagserfahrung der Kinder – die Orientierung der visuellen Reize – in diesem Fall der Buchstaben – bedeutungsunterscheidend sind. Ist die visuell-räumliche Analyse gestört, können beispielsweise die Buchstaben ‹p›, ‹q› und ‹b› nicht als bedeutungsunterscheidend wahrgenommen werden, was dann auch die phonematische Zuordnung erschwert. Weiterhin müssen die Kinder lernen, dass unterschiedliche Buchstaben – wie zum Beispiel ‹q› und ‹Q› – den gleichen Laut repräsentieren. Die visuell-räumliche Analyse bezieht sich jedoch nicht nur auf die Buchstabenfolge im Wort, sondern betrifft im selben Maß auch die Wortstellung im Satz. Für die verzögerte Verarbeitungsgeschwindigkeit konnte gezeigt werden, dass die Betroffenen ein asymmetrisches Gesichtsfeld aufweisen. Dies führt dazu, dass die Wahrnehmung der Buchstaben von den fovealen Bereichen in die Peripherie langsamer abnimmt. Durch diese Verzögerung der Gesichtsfeldveränderung nehmen die Betroffen mehr Buchstaben auf einmal wahr, die alle verarbeitet werden müssen. Neben den visuell-räumlichen

Störungen kommen auch visuo-motorische Störungen vor. Sie sind dadurch gekennzeichnet, dass die Sakkaden häufig ein chaotisches Muster aufweisen und rückwärts gerichtet sind. Die Fixationen sind oft ziemlich gestreut und die Kinder sind nur schwer in der Lage, die Blickbewegungen zeitlich korrekt zu koordinieren. Der Lese stil der Betroffenen ist häufig überhastet und fehlerhaft (Heubrock, Petermann 2000).

3.7 Die Diagnostik der Dyslexie

Da die Ursachen der Dyslexie nach wie vor intensiv diskutiert werden, scheint es nicht einfach zu sein, die Risikokinder flächendeckend zu ermitteln. Dennoch gibt es eine Reihe von Testverfahren. Diese sind teilweise standardisiert, um relativ frühzeitig das Risiko für eine Dyslexie zu ermitteln. Einige dieser Tests werden im Folgenden dargestellt. Eine gute Prognose für den späteren Schriftspracherwerb liefern die schnellen Benennungsaufgaben. Dabei müssen schnell aufeinander folgende Bilder, Zahlen oder Buchstaben benannt werden. Den Test gibt es sowohl für visuelle als auch für auditorische Stimuli (Wolf 2009).

Beim *Bielefelder Vorschulscreening* werden bei den Vorschulkindern die Eingangsfertigkeiten für das Lesen und Schreiben ermittelt. Die Durchführung des Tests umfasst die Messung der phonologischen Bewusstheit, der Gedächtnisfunktionen und der visuellen Aufmerksamkeit. Ein weiterer Vorschultest ist der *Rundgang durch Hörhausen*. Die Aufgaben dieses Testverfahrens umfassen das Erkennen von Reimen, das Zerlegen von Silben sowie die Bestimmung von Anfangs- und Endlauten. Ein zweiter Teil befasst sich mit den Eingangsfertigkeiten für das Schreiben. Die Aufgaben umfassen das Schreiben des eigenen Namens und weiterer Buchstaben. (Klicpera, Schabmann, Gasteiger-Klicpera 2007; Reckenfeld 2005) Während der Grundschulzeit werden in den Klassenstufen 1 – 6 auch diverse Lesetests durchgeführt. Der *Züricher Lesetest* besteht aus kurzen Textpassagen und Wortlisten. Bei diesem Test wird die Lesegeschwindigkeit getestet. Ein ähnlicher Test ist *Dinges Lesetest*. Hier wird gemessen, wie viele Wörter in einer Minute gelesen werden. Neben dem Lese- und Hörverständnis ist das

Testverfahren *Knuspels Lesetest* daran interessiert, die phonologische Rekodier-fähigkeit getrennt vom orthografischen Wissen zu beurteilen. Bei den Aufgaben werden die Aussprache von Pseudo-Wörtern und die orthografische Richtigkeit verschiedener Schreibweisen beurteilt. Bei der *Würzburger Leise Leseprobe* müssen die Schülerinnen und Schüler vorgegebenen Bildern die entsprechenden Worte zuordnen. Damit wird die Geschwindigkeit der Wortbedeutungserfassung getestet (Klicpera, Schabmann, Gasteiger-Klicpera 2007). Neben den teilweise standardisierten Lese- und Schreibtests in der Schule sind bei dem Verdacht auf eine Dyslexie weitere Untersuchungen notwendig. Die weitere Diagnostik beinhaltet die körperliche Untersuchung mit einem Hör- und Sehtest sowie die Abklärung von eventuellen Begleitsyndromen – wie zum Beispiel der Aufmerksamkeitsdefizit-/ Hyperaktivitätsstörung (ADHS). Des Weiteren wird ein standardisierter Intelligenztest durchgeführt und die psychosoziale Belastung durch die Schule oder das private Umfeld des Kindes ermittelt. Ein weiteres diagnostisches Instrument ist die Überprüfung des psychosozialen Funktionsniveaus. Dabei werden die Aktivität des Kindes in seiner Freizeit sowie der Kontakt zu Gleichaltrigen erfasst (Reckenfeld 2005; Schulte-Körne 2010).

3.8 Die Therapie der Dyslexie

Einer Behandlung der spezifischen Störungen geht immer eine eingehende Beratung der Eltern – und unter Umständen auch der Lehrkräfte – voraus. Für die Eltern bedeutet diese Beratung eine Entlastung; sie dient dem besseren Verständnis der Störung. Häufig sind die Eltern mit Versagensgefühlen belastet und frustriert, wenn das intensive Üben jenseits der Schule nicht zu den gewünschten Erfolgen führt oder sie mit der Lernunlust ihrer Kinder kämpfen müssen. Diese Frustration und Versagensangst wird dadurch verstärkt, dass die Eltern von den Lehrkräften zu hören bekommen, dass sich die Leistungen bei entsprechenden Übungen zu Hause auch verbessern würden. Obwohl die Lese-Rechtschreib-Schwäche eine umschriebene Störung ist, wird sie von den Krankenversicherungen nur finanziert, wenn die Dyslexie als Begleitsymptom beispielsweise eines ADHS auftritt. Die Behandlung der isolierten LRS muss von den Eltern finanziert werden. Für die Therapie der Dyslexie gibt es jedoch keine anerkannte Qualifizierung, so dass die Bezeichnung «Dyslexietherapeut/in» kein geschützter Begriff ist. Des Weiteren sind die Therapieansätze bisher wenig bis überhaupt nicht empirisch untersucht worden (Schulte-Körne 2010). Entsprechend variiert auch die Qualität der angebotenen Therapieprogramme, von denen einige nachstehend vorgestellt werden. Sofern nicht bereits Störungen in der vorschulischen Entwicklung des Kindes auftreten, wird ein eingeschränkter Schriftspracherwerb meistens erst in der Grundschule entdeckt. Deshalb beschränkt sich die folgende Darstellung auch auf die Therapieansätze, die gezielt einen schriftsprachlichen Hintergrund haben. An dieser Stelle soll jedoch nicht unerwähnt bleiben, dass es auch Frühförderprogramme gibt. Das Ziel der Frühförderung ist die Prävention einer späteren Lese-Rechtschreib-Störung. Solche Programme bestehen aus Sprachspielen, dem Klatschen von Silben sowie dem Erkennen von Reimen und Lauten (Schulte-Körne 2010). In der praktischen Anwendung finden sich mindestens zwei Therapieansätze, die explizit auf den Lernprozess des Schrifterwerbs abzielen. Dabei handelt es sich um die *lernaufgabenspezifische Behandlung* und die *Reprogrammierung neuronaler Funktionen*.

3.8.1 Die lernaufgabenspezifische Behandlung

Die klassische «bottom-up»-Methode von Gillingham, Stillman und Orton versucht, die Graphem-Phonem-Korrespondenz durch Laut- und Rechtschreibübungen zu verbessern. Die Übungen beinhalten zusätzlich auch das Trainieren der kinästhetischen Fähigkeiten. Zuerst werden die richtigen lautlichen Assoziationen zu den Buchstaben hergestellt. In einem zweiten Schritt werden die Phoneme durch das Zusammensetzen der Buchstaben in die Wörter eingefügt. Im nächsten Schritt werden Rechtschreibübungen durchgeführt, die auf der phonetischen Analyse basieren; zudem wird die Segmentierung der Wörter in ihre Buchstaben geübt. Die Sprachübungen werden von kinästhetischen Elementen begleitet, indem die Kinder beim Aussprechen der Laute die Buchstaben mit den Fingern nachziehen. Schritt für Schritt wird hierbei die Lesekompetenz erlangt – erst durch längere Wörter, dann durch Wörter in Sätzen, später von Sätzen in Texten und schließlich durch die Bearbeitung ganzer Textabschnitte. Die Therapie von Edith Norrie etwa versieht verschiedene Phoneme mit Farben. Dabei wurden stimmhafte Konsonanten mit Grün, stimmlose Konsonanten mit

Schwarz und Vokale mit Rot versehen. Die Idee hinter diesen Therapieansätzen ist die Einbindung kinästhetischer Elemente in die Lese-, Sprach-, und Schrift-übungen. Der intendierte Effekt dieser Einbindung ist eine bessere Merkleistung durch die Assoziation der Buchstaben mit Farben oder Bewegungen (Eichenauer 2002).

3.8.2 Die Reprogrammierung der neuronalen Funktionen

Dieser Therapieansatz soll direkt korrigierend auf das Nervensystem einwirken, indem unter anderem versucht wird, Lateralisation zu bewirken. Die Therapie nach Bakker versucht dies zu erreichen, indem die vernachlässigte Hirnhälfte gezielt aktiviert wird. Die neurobiologische Grundlage dieser Therapie ist die Be-obachtung, dass das linke Gesichtsfeld von der rechten Hemisphäre abgebildet wird und umgekehrt. Ein weiteres Ziel dieser Therapie ist die Verbesserung der Wahrnehmung durch motorisches, visuelles, visuomotorisches, akustisches und körperseitenbezogenes Training. Um eine Verbesserung der Augenmotorik zu erzielen, wird ein Auge abgeklebt oder die Kinder lesen mit einer Schablone, so dass die durch ein gestörtes Gesichtsfeld verursachte defizitäre Verarbeitung re-duziert wird (Eichenauer 2002; Heubrock, Petermann 2000).

4. Fazit

Das Bestreben der vorliegenden Arbeit war es, einen möglichst umfassenden Überblick über das Lesenlernen und die Dyslexie zu geben. Dabei zeigte sich nicht nur, dass das Thema intensiv diskutiert und von mehreren Fachdisziplinen erforscht wird, sondern auch, dass die Störung Dyslexie neurobiologisch intensiver betrachtet wird als der reguläre Schriftspracherwerb. Neben der Psychologie und den Neurowissenschaften leisten auch die molekularen Biowissenschaften ein großen Beitrag zum tieferen Verständnis der Lesestörung. So konnte gezeigt werden, dass Mutationen der DNA zu neuroanatomischen Veränderungen führen können, die wiederum die kognitiven Leistungen der Betroffenen einschränken. Dabei sei erneut darauf hingewiesen, dass diese Argumentationskette nicht universell gilt, denn auch jemand mit einer hereditären Disposition muss keine Lesestörung ausbilden. So ist es sogar wahrscheinlich, dass ein Kind ohne entsprechende Disposition, das in einem Umfeld aufwächst, in dem das Lesen nicht besonders gefördert wird, eine mit der Dyslexie vergleichbare schlechte Leseleitung zeigt. Obwohl die visuelle Verarbeitungsstörung nur einen kleinen Teil der Betroffenen ausmacht, ist diesem Aspekt in der vorliegenden Arbeit viel Raum eingeräumt. Dies wird damit begründet, dass das visuelle System viel besser erforscht und auch verstanden ist als das auditorische System, denn auch die frühe Dyslexieforschung fokussierte sich eher auf die visuellen als auf die auditorischen Komponenten. Weit weniger gut untersucht sind die Therapiemöglichkeiten, obwohl auch dafür verschiedene Ansätze vorliegen. Das führt dazu, dass die betroffenen Familien häufig auf sich alleine gestellt sind. Obwohl es sich bei der Lesestörung um eine umschriebene Störung handelt, die in Klassifikationsmanualen festgehalten ist, werden die Kosten nicht von den Krankenversicherungen übernommen, da anerkannte Therapiemöglichkeiten fehlen. Auch sind die betroffenen Familien, die sich bemühen, dass ihre Kinder den Anschluss an die Lernanforderungen nicht verlieren, auf Grund der Unwissenheit der Lehrkräfte mit teilweise diskreditierenden Äußerungen konfrontiert. Es wäre utopisch zu fordern, dass jede Lehrkraft mit den Ursachen der Lesestörung vertraut ist; dennoch wäre gerade für die Sprachlehrer ein solches Wissen von großem Vorteil. Neben den bereits genannten Fachdisziplinen bringen sich auch die Bildungswissenschaften indirekt in dieses Thema ein, denn die Binnendifferenzierung – die immer häufiger Einzug in die Schulen hält – scheint doch eine gute Ergänzung jenseits der Laboratorien und der Therapiezentren zu sein. So bleibt am Schluss nur zu hoffen, dass sich die Bemühungen für alle Beteiligten – vor allem aber für die Betroffenen – auszahlen.

Glossar

Cytochromoxidase-Blob (Blob) Cytochromoxidase ist ein mitochondriales Enzym der Atmungskette, welches beim Nachweis in der primären Sehrinde (V1) eine ungleiche Verteilung zeigt. In Tangentialschnitten durch die Schicht III von V1 zeigt sich die Färbung gefleckt (Blob); in Querschnitten erscheint sie säulenartig über die gesamte Breite der Schichten II, III, V und VI. (Bear, Connors, Paradiso 2009).

Exons Codierende Sequenzen, die nach der Transkription durch das Spleißen von den nicht codierenden Introns getrennt werden. In einem Primärtranskript gibt es häufig mehrere Exons und Introns. Nach dem Spleißen werden die Exons zu der translationsfähigen mRNA zusammengesetzt. Im Zytoplasma wird aus der mRNA an den Ribosomen das Protein synthetisiert. (Schartl, Gessler, von Eckardstein 2009).

Fovea Ort des schärfsten Sehens auf der Netzhaut. Die Fovea ist durch eine hohe Dichte an Photorezeptoren (Zapfen) gekennzeichnet. Die Zapfen sind eins zu eins mit den Retinaganglienzellen verschaltet.

ICD-10 (Internationale Klassifikation psychischer Störungen) Ein Manual, das psychische Störungen nach definierten Kriterien klassifiziert. Damit lassen sich Diagnosen aufstellen, die für die Krankenversicherungen die Grundlage für die Finanzierung einer Behandlung bilden. Alternativ zum ICD-10 wird auch das DSM-IV (Diagnostic and Statistical Manual of Mental Disorders) verwendet.

Neuronenmigration Die Wanderung der Neuronenvorläufer von ihrem Entstehungsort in die Zielstruktur während der Ontogenese. Die Migration ist durch Signalstoffe vermittelt und wird insbesondere bei der kortikalen Migration von radialen Stützgliazellen geleitet. (Berninger, Richards 2002).

Retinotopie Ein Organisationsprinzip, bei dem benachbarte Retinazellen ihre Informationen auch auf benachbarte Stellen in ihren Zielstrukturen projizieren. Dabei werden die Informationen der Retinaganglienzellen nicht eins zu eins abgebildet. Informationen aus der Fovea werden vergrößert abgebildet. (Bear, Connors, Paradiso 2009).

Rezeptives Feld Als rezeptives Feld eines Neurons im Sehsystem bezeichnet man den Bereich der Außenwelt, innerhalb dessen die Darbietung eines Reizes das betroffene Neuron beeinflussen kann. Rezeptive Felder sind oft antagonistisch organisiert, d. h. die Reizpräsentation in einem bestimmten Bereich des rezeptiven Feldes aktiviert das dazugehörige Neuron, während die Darbietung des gleichen Reizes in einem anderen Bereich des rezeptiven Feldes das Neuron hemmt (Fahle 2008, S. 369).

Semantik Bedeutung von Symbolen – zu denen auch die Sprache gehört.

Translokation Eine Chromosomenmutation, bei der Chromosomenabschnitte eines Chromosoms auf ein anderes Chromosom verlagert werden. (Schartl, Gessler, von Eckardstein 2009).

Vigilanz Der Bewusstseinszustand der Wachheit. Er wird neurologisch beispielsweise von der Somnolenz, dem Sopor und dem Koma abgegrenzt. (Birbaumer, Schmidt 2006).

Literaturverzeichnis

Altemeier, L. E., Abbott, R. D., Berninger, V. W. (2008). *Executive functions for reading and writing in typical literacy development and dyslexia.* In: *J Clin Exp Neuropsychol.* 30, pp. 588 – 606.

Bear, M. F., Connors, B. W., Paradiso, M. A. (2009). *Neurowissenschaften. Ein grundlegendes Lehrbuch für Biologie, Medizin und Psychologie.* 3. Aufl. Heidelberg: Spektrum Akademischer Verlag. Kap. 10, 11, 20, 21, 24.

Berk, L. E. (2005). *Entwicklungspsychologie.* 3. Aufl. München: Pearson. Kap. 5, 7, 9.

Berninger, V. W., Richards, T. L. (2002). *Brain Literacy for Educators and Psychologists.* Practical Resources for the Mental Health Professional. San Diego/CA: Academic Press. Chap. 4.

Birbaumer, N., Schmidt, R. F. (2006). *Biologische Psychologie.* Heidelberg: Springer Verlag. Kap. 17, 21.

De Bleser, R. (2009). *Störungen der Schriftsprachverarbeitung.* In: *Lehrbuch der klinischen Neuropsychologie. Grundlagen, Methoden, Diagnostik, Therapie.* Hrsg. von W. Sturm, M. Herrmann & T. F. Münte. Heidelberg: Spektrum Akademischer Verlag, S. 609 – 618.

Eichenauer, B. (2002). „Therapieergebnisse in der Lese- Rechtschreibübungsbehandlung. Überprüfung des Therapieerfolges bei multipel teilleistungsgestörten Kindern". Diss. Ludwig-Maximilians-Universität München.

Fahle, M. (2008). *Visuelles System und visuelle Wahrnehmung.* In: *Handbuch der Neuro- und Biopsychologie.* Hrsg. von S. Gauggel & M. Herrmann. Handbuch der Psychologie 8. Göttingen: Hogrefe, S. 359 – 374.

Gabel, L. A., Gibson, C. J., et al. (2010). *Progress towards a cellular neurobiology of reading disability.* In: *Neurobiol Dis.* 38, pp. 173 – 180.

Goldstein, B. E. (2002). *Wahrnehmungspsychologie.* Heidelberg: Spektrum Akademischer Verlag. Kap. 3.

Hanisch, C. (2005). „Aufmerksamkeitsnetzwerke bei Kindern mit und ohne Aufmerksamkeitsdefizit-, Hyperaktivitätsstörung(ADHD)". Diss. Rheinisch-Westfälische Technische Hochschule Aachen.

Hebb, D. O. (1949). *The Organization of Behavior. A neuropsychological theory.* New York/NY: Wiley.

Helmke, A., Schrader, F.-W. (2007). *Entwicklung akademischer Leistungen*. In: *Handbuch der Entwicklungspsychologie*. Hrsg. von M. Hasselhorn & W. Schneider. Handbuch der Psychologie. Göttingen: Hogrefe, S. 289 – 298.

Heubrock, D., Petermann, F. (2000). *Lehrbuch der klinischen Kinderneuropsychologie. Grundlagen, Syndrome, Diagnostik und Intervention*. Göttingen: Hogrefe Verlag.

Kandel, E. R. (1995). *Sprache*. In: *Neurowissenschaften. Eine Einführung*. Hrsg. von
E. R. Kandel, J. H. Schwartz & T. M. Jessell. Heidelberg: Spektrum Akademischer Verlag, S. 647 – 666.

Kandel, E. R., Mason, C. (1995). *Wahrnehmung von Form und Bewegung*. In: *Neurowissenschaften. Eine Einführung*. Hrsg. von E. R. Kandel, J. H. Schwartz & T. M. Jessell. Heidelberg: Spektrum Akademischer Verlag, S. 431 – 458.

Klicpera, C., Schabmann, A., Gasteiger-Klicpera, B. (2007). *Legasthenie. Modelle, Diagnose, Therapie und Förderung*. 2. Aufl. München: Verlag Ernst Reinhardt.

Locker, L., Simpson, G. B., Yates, M. (2003). *Semantic neighborhood effects on the recognition of ambiguous words*. In: *Mem Cognit*. 31, pp. 505 – 515.

McCandliss, B. D., Cohen, L., Dehaene, S. (2003). *The visual word form area: expertise for reading in the fusiform gyrus*. In: *Trends Cogn. Sci.* 7, pp. 293 – 299.
Pammer, K., Hansen, P. C., et al. (2004). *Visual word recognition: the first half second*. In: *NeuroImage* 22, pp. 1819 – 1825.

Peterson, R. L., Pennington, B. F. (2012). *Developmental dyslexia*. In: *Lancet* 379, pp. 1997 – 2007.

Petersson, K. M., Reis, A., Ingvar, M. (2001). *Cognitive processing in literate and illiterate subjects: A review of some recent behavioral and functional neuroimaging data*. In: *Scand J Psychol*. 42, pp. 251 – 267.

Reckenfeld, A. (2005). „Kinder mit LRS. Diagnose- und Fördermöglichkeiten". Studienarbeit. München: Grin Verlag.

Roth, G. (2011). *Bildung braucht Persönlichkeit. Wie Lernen gelingt*. Stuttgart: Klett-Cotta.

Scerri, T. S., Schulte-Körne, G. (2010). *Genetics of developmental dyslexia*. In: *Eur. Child. Adolesc. Psychiatry* 19 (Special Issue: Unraveling the molecular genetic basis of child and adolescent psychiatric disorders), pp. 179 – 197.

Schartl, M., Gessler, M., Eckardstein, A. von, Hrsg. (2009). *Biochemie und Molekularbiologie des Menschen*. München: Urban & Fischer Verlag. Kap. 12, 13, 14.

Schotter, E. R., Angele, B., Rayner, K. (2012). *Parafoveal processing in reading.* In: *Atten Percept Psychophys.* 74, pp. 5 – 35.

Schulte-Körne, G. (2010). *Diagnostik und Therapie der Lese-Rechtschreib-Störung.* In: *Dtsch. Ärztebl.* 107, S. 718 – 727.

Spreckelmeyer, K. N., Münte, T. F. (2008). *Auditives System und auditive Wahrnehmung.* In: *Handbuch der Neuro- und Biopsychologie.* Hrsg. von S. Gauggel & M. Herrmann. Handbuch der Psychologie. Göttingen: Hogrefe, S. 375 – 386.

Weinert, S. (2007). *Spracherwerb.* In: *Handbuch der Entwicklungspsychologie.* Hrsg. Von M. Hasselhorn & W. Schneider. Handbuch der Psychologie 7. Göttingen: Hogrefe, S. 221 – 232.

Weltgesundheitsorganisation, Hrsg. (1990). *Internationale Klassifikation psychischer Störungen (ICD-10).* 2. Aufl. Bern: Verlag Hans Huber.

Wolf, M. (2009). *Das lesende Gehirn. Wie der Mensch zum Lesen kam – und was es in unseren Köpfen bewirkt.* Heidelberg: Spektrum Akademischer Verlag.

Wurtz, R. H., Kandel, E. R. (2000a). *Central Visual Pathways.* In: *Principles of neural science.* Ed. by E. R. Kandel, J. H. Schwartz & T. M. Jessell. New York/NY: McGraw-Hill, pp. 523 – 547.

Wurtz, R. H., Kandel, E. R. (2000b). *Perception of Motion, Depth, and Form.* In: *Principles of neural science.* Ed. by E. R. Kandel, J. H. Schwartz & T. M. Jessell. New York/NY: McGraw-Hill, pp. 548 – 571.

Zihl, J. (2006). *Zerebrale Blindheit und Gesichtsfeldausfälle.* In: *Neuropsychologie.* Hrsg. von H.-O. Karnath & P. Thier. 2. Aufl. Heidelberg: Springer Verlag, S. 88 – 96.